U0457290

新型电力系统下多类型储能
参与辅助服务市场建模仿真研究

王良友　张硕　曾博　苏一博　著

中国电力出版社
CHINA ELECTRIC POWER PRESS

内 容 提 要

本书重点研究了新型电力系统下多类型储能参与辅助服务市场建模仿真分析方法,推动多类型储能资源的市场化应用。本书共分为 7 章,介绍了新型电力系统内涵和多类型储能在新型电力系统中的定位及面临的发展机遇与挑战,分析了不同类型储能的技术经济特性,提出多类型储能参与电力辅助服务的综合边际成本模型、储能参与电力辅助服务的综合价值评估模型,构建了储能参与调频、调峰、紧急功率支撑的竞价出清模型,在此基础上提出了仿真平台的基本架构,开发了仿真平台主要功能模块,并探讨了储能发展的技术路线,提出市场机制政策建议。

本书可供电力系统规划、调度、市场交易与营销等领域研究人员或管理人员阅读参考,也可作为能源电力领域相关专业研究生和本科生的参考书。

图书在版编目(CIP)数据

新型电力系统下多类型储能参与辅助服务市场建模

仿真研究 / 王良友等著. -- 北京:中国电力出版社,

2025. 3. -- ISBN 978-7-5198-9419-1

Ⅰ. TM7;F407.61

中国国家版本馆 CIP 数据核字第 202449JG05 号

出版发行:中国电力出版社

地　　址:北京市东城区北京站西街 19 号(邮政编码 100005)

网　　址:http://www.cepp.sgcc.com.cn

责任编辑:石　雪　高　畅(010-63412647)

责任校对:黄　蓓　马　宁

装帧设计:赵丽媛

责任印制:钱兴根

印　　刷:廊坊市文峰档案印务有限公司

版　　次:2025 年 3 月第一版

印　　次:2025 年 3 月北京第一次印刷

开　　本:710 毫米×1000 毫米　16 开本

印　　张:12.25

字　　数:211 千字

定　　价:60.00 元

　　新型电力系统是构建新型能源体系与实现"双碳"目标的基础支撑。为此，我国提出深化电力体制改革，加快构建清洁低碳、安全充裕、经济高效、供需协同、灵活智能的新型电力系统。储能是构建新型电力系统的关键要素，是提升电力系统调节能力的核心枢纽，也是推动新能源大规模高效消纳的重要保障。随着我国储能装机的快速提升，如何有效挖掘其灵活调节能力，提升储能资源利用效率已成为亟待解决的关键问题。构建能充分体现储能等灵活性资源价值的电力辅助服务市场是挖掘其灵活调节能力的基础保障。

　　本书应用建模仿真的方法研究储能的成本结构、综合价值、竞价出清机制、利益分配方式及市场运行过程机理，旨在为多类型储能参与电力辅助服务市场提供政策机制建议及辅助决策支持。本书共有7章，第1章概述了新型电力系统与储能，第2章描述并分析了储能发展现状及应用场景，第3章提出了多类型储能参与电力辅助服务的综合边际成本模型，第4章构建了储能参与电力辅助服务的综合价值评估模型，第5章提出了储能集群参与辅助服务市场出清与平衡优化机制，第6章搭建了储能参与电力辅助服务的市场仿真系统，第7章为储能发展技术路线及建议。

　　本书由中国长江三峡集团有限公司王良友，华北电力大学张硕、曾博，中国长江三峡集团有限公司苏一博著。华北电力大学课题组董厚琦、耿子涵、陈媛丽、袁春辉、李欣欣等在本书的撰写过程中提供了大力支持。在此，向他们表示衷心感谢。

本书研究工作得到了国家重点研发计划（2021YFB2400700），教育部人文社会科学研究基金（23YJA630133），北京市自然科学基金（No.9232019），北京市社会科学基金（No.22GLB020）等项目的资助，在此一并致谢。

由于时间仓促，书中难免存在不足之处，请广大读者和同行专家批评指正。

作　者
2025 年 1 月

目 录

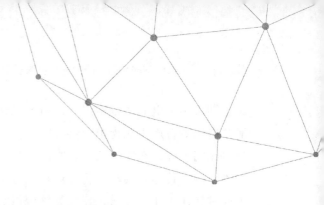

新型电力系统与储能

1.1 新型电力系统概述

1.1.1 新型电力系统内涵

党的二十大报告强调："要积极稳妥推进碳达峰碳中和，深入推进能源革命，加快规划建设新型能源体系。"这为新时代我国能源电力高质量跃升式发展指明了前进方向，提出了更高要求。为积极践行"双碳"目标，推动构建新型能源体系，电力系统必须立足新发展阶段、贯彻新发展理念。《新型电力系统发展蓝皮书》明确指出，新型电力系统是以确保能源电力安全为基本前提，以满足经济社会高质量发展的电力需求为首要目标，以高比例新能源供给消纳体系建设为主线任务，以源网荷储多向协同、灵活互动为有力支撑，以坚强、智能、柔性电网为枢纽平台，以技术创新和体制机制创新为基础保障的新时代电力系统，是新型能源体系的重要组成部分和实现"双碳"目标的关键载体。新型电力系统具备安全高效、清洁低碳、柔性灵活、智慧融合四大重要特征，其中安全高效是基本前提，清洁低碳是核心目标，柔性灵活是重要支撑，智慧融合是基础保障，共同构建起新型电力系统的"四位一体"框架体系。

安全高效是构建新型电力系统的底线和持续运转的基本前提。当前，新型电力系统面临着一系列风险和挑战。大规模的新能源接入电网，其波动性和间歇性的特征给系统的安全稳定带来压力。新型电力电子设备的应用比例提高，改变了传统电力系统的运行规律。随着物理与信息层面的深度融合，人为外力破坏与网络入侵等非传统安全风险亦不断涌现。因此，新型电力系统必须具备风险抵御与应对能力，确保系统安全可靠运行，从而为经济社会的安全发展提供坚实支撑。

清洁低碳是构建新型电力系统的中心环节。新型电力系统正逐步改变我国长期依赖火电的传统格局，风电、光伏发电、水电、核电和生物质发电等清洁能源则将逐步成为电力供应的主力。随着化石能源发电装机容量及发电量占比的下降，在新型低碳、零碳、负碳技术的引领下，电力系统将稳步迈向"双碳"目标。同时，各行业在先进电气化技术及装备方面的突破，使得电能替代在工业、交通、建筑等领域得到了广泛应用，电能逐渐成为终端能源消费的主导力量，推动终端能源消费的低碳化进程。此外，绿电消费激励约束机制不断完善，绿电、绿证交易规模正持续扩大。

柔性灵活是构建新型电力系统的重要支撑。新型电力系统作为一个多主体接纳、多场景适应、多需求满足的高效电力市场体系，灵活发电技术、多时间尺度与规模的储能技术，以及柔性交直流输电技术等得以广泛应用，显著增强了骨干网架的灵活性。同时，分布式电源、多元负荷和储能的普及，使得用户侧主体兼具发电和用电双重角色，源网荷储的灵活互动与需求侧响应能力持续增强。在市场机制方面，以中长期市场为主体、现货市场为补充的多元化市场体系正在形成，涵盖电能量、辅助服务、发电权、输电权和容量补偿等多交易品种，以充分调动系统灵活性，促进源网荷储的互动，进而实现系统运行效率的提升和资源的优化配置。

智慧融合是构建新型电力系统的必然要求。新型电力系统以数字信息技术为重要驱动，展现数字、物理和社会系统深度融合的创新特点。为应对海量异构资源的广泛接入、密集交互和统筹调度，新型电力系统广泛运用"云大物移智链"等先进数字信息技术，推动系统实现高度数字化、智慧化和网络化转型。在数据作为核心生产要素的指引下，新型电力系统打通源网荷储各环节信息，实现供给侧的"全面可观、精确可测、高度可控"，电网侧形成云边融合的调控体系，消费侧有效聚合海量可调节资源，支撑实时动态响应。随着区块链、人工智能、云计算和物联网等先进智能技术的不断发展，借助海量信息数据分析和高性能计算技术，新型电力系统将展现出超强的感知能力、智慧决策能力和快速执行能力。

1.1.2 新型电力系统发展方向

新型电力系统积极引领绿色低碳清洁能源的开发与利用，为能源结构的转型升级注入强大动力。通过运用储能与虚拟电厂等先进技术，新型电力系统将实现多种能源的协同调度与优化配置，更进一步推动电力生产、传输、消费及储蓄各环节的综合调配。同时，以创新为根本驱动力，创新发展涵盖技术创新、商业模式创新、管理创新和服务创新等多个层面；以数智化为关键手段，充分利用数据生产要素，提升数据生产力，推进数字产业化和产业数字化进程。未来新型电力系统将朝着绿色低碳、安全可控、经济高效、柔性开放、数字赋能方向发展，供给侧、用户侧、电网侧各个层面都将发生深刻变革。

在供给侧，新型电力系统将加快清洁能源的开发和利用，推动能源结构转型。随着太阳能、风能等可再生能源的快速发展，电力系统的供能结构正逐步实现从化石能源主导向清洁能源主导的跨越。同时，依托技术创新和产业升级，供给侧将不断提升能源供应的效率和可靠性，确保电力系统的稳定运行，为经济社会发展提供坚实的能源保障。

在用户侧，新型电力系统将致力于满足用户个性化需求，大力推动用户侧储能和分布式能源等前沿技术的广泛应用，塑造更为智能化和灵活化的电力消费格局。源网荷储的互动将成为新型电力系统运行的常态，可中断负荷和虚拟电厂的普及应用，使得电力负荷从传统的刚性、纯消费型向柔性、生产与消费并重的模式转变，实现电力资源的优化配置和高效利用。

在电网侧，新型电力系统将加强电网的智能化和互联化建设，提升电网的输电能力和运行效率。借助大数据、云计算、物联网等先进技术的应用，电网将实现对电力设备的实时监测和预警，提高设备的运行效率和可靠性。同时，随着特高压、智能电网等项目的推进，电网的互联化程度将进一步提升，实现跨区域的电力互济和优化配置，推动电力资源的共享和高效利用。

1.1.3　新型电力系统建设规划

《新型电力系统发展蓝皮书》基于我国资源禀赋和区域特点指出，按照党中央提出的新时代"两步走"战略安排，应锚定"3060"战略目标，以2030、2045、2060年为新型电力系统构建战略目标的重要时间节点，制定了新型电力系统"三步走"发展路径，即加速转型期（2030年以前）、总体形成期（2030—2045年）、巩固完善期（2045—2060年），有计划、分步骤推进新型电力系统建设的"进度条"。

储能作为一种调节性能优秀且运作灵活的资源，可以有效地解决新能源的间歇性和波动性问题，可以与分布式能源资源集成，在"源网荷储"一体化项目中提供电力存储和调度功能，可以通过快速响应来进行频率和功率调节，帮助电力系统维持稳定的电压和频率，在新型电力系统的建设中将起到至关重要的作用。

（1）加速转型期（2030年以前），储能规模化发展，实现多样化场景应用。压缩空气储能、电化学储能、热（冷）储能以及火电机组抽汽蓄能多种新型储能技术重点依托系统友好型的"新能源+储能"电站、基地化新能源配建储能、电网侧独立储能以及共享储能等模式，在源、网、荷各侧开展布局应用，从而全面满足系统日内调节的需求，进一步提升电力系统的灵活性和可靠性。抽水蓄能以其成熟可靠且应用广泛的特性，将展现出巨大的发展潜力。预计到 2030 年，抽水蓄能的装机容量将达到 1.2 亿 kW 以上，为电力系统的稳定运行提供有力保障。同时，多种新型储能技术也将快速发展。此外，数字化与智能化技术的融入也为储能技术的发展注入了新的活力。工业互联网、边缘计算等智能化技术，正在逐步融入电力系统源网荷储各个环节，为储能技术的优化调度和协同运行提供有力支持。

（2）总体形成期（2030—2045 年），攻克规模化长时储能技术，助力电力系统实现动态平衡。规模化长时储能技术的研发和应用，将能够满足日以上时间尺度的平衡调节需求，使得新型电力系统的运行更加稳定高效。同时，新型储能技术路线的多元化发展，将更好地满足系统电力供应保障和大规模新能源消纳的需求。以机械储能、热储能、氢能等为代表的 10h 以上长时储能技术攻关将取得突破性进展，实现日以上时间尺度的平衡调节，推动局部系统平衡模式向动态平衡过渡。储能技术在总体形成期的不断发展，不仅提高电力系统的安全稳定运行水平，还将为新型电力系统的全面形成提供强有力的技术支撑。

（3）巩固完善期（2045—2060 年），攻克多类型储能协同运行技术，全面建成高效互补的储能系统。储电、储热、储气、储氢等覆盖全周期的多类型储能技术将实现协同运行，能源系统运行灵活性得到大幅提升。多种类储能设施有机结合，形成一个高效、互补的储能系统，共同应对新能源季节出力不均衡带来的挑战。基于液氢和液氨的化学储能、压缩空气储能等长时储能技术在容量、成本、效率等多方面取得重大突破，从不同时间和空间尺度上满足大规模可再生能源调节和存储需求。在巩固完善期，多种类储能在电力系统中的有机结合和协同运行将成为关键，共同解决系统长时间尺度平衡调节问题，支撑电力系统实现跨季节的动态平衡，推动新型电力系统向更加高效、清洁、可持续的方向发展。

1.1.4　新型电力系统关键问题

"双碳"目标背景下，构建新型电力系统成为能源转型的重要环节。新型电力系统是一种具有高比例新能源、高比例电力电子化、负荷多样化以及集成储能技术的电力系统。相较传统电力系统，新型电力系统在不同时间尺度上面临系统稳定和供应平衡的关键问题。

第一，新型电力系统的体制机制建设亟待完善。当前，电力市场的不协调与不平衡问题凸显，严重制约了电力系统的灵活高效运行。因此，完善新型电力系统的市场机制与价格体系，进行创新性的市场设计，确保资源的合理配置和高效利用，已成为当务之急。需进一步深化输配电价、上网电价和销售电价等领域的改革，以形成更加合理、透明的电价机制。同时，随着新能源占比的不断提高和源网荷储互动的日益紧密，电力行业管理体制的优化与调整也势在必行。此外，电力监管机制的创新改革也是必不可少的。通过引入先进的监管理念和技术手段，提升电力监管的效率和水平，为电力行业的健康发展提供有力保障。

第二，多主体协同规划不容忽视。传统的电力系统规划通常是将电源规划、输电网规划和配电网规划分别进行，缺乏整体性和协同性。然而，新型电力系统在电源侧、电网侧以及负荷侧都展现出灵活多变的运行策略，并且参与电量平衡的利益主体也更为多元。因此，仅考虑某一环节的规划思路已经无法满足源网荷储各环节之间深度互动的需求，需要引入多主体协同规划理论，特别是要将储能等关键因素纳入考虑范围，确保各环节之间的协同优化，实现电力系统的整体效益最大化。

第三，当前系统调节支撑能力的提升面临诸多掣肘。随着新能源在能源结构中的占比日益提升，其间歇性、随机性和波动性特点给电力系统的稳定运行带来了巨大压力。同时，新能源消纳形势依然严峻。由于调节资源建设受到包括技术瓶颈、经济成本、环境影响等多方面因素约束，导致调节资源无法满足新能源快速发展的需求。突破系统调节支撑能力提升的瓶颈，克服新能源消纳的难题，是当前电力系统发展面临的重要挑战。应加大对新能源技术研发的投入，同时，注重储能技术的研发与应用，通过高效储能系统解决新能源的间歇性和波动性问题，提高电力系统的灵活调节能力。此外，还应加强智能电网的建设，利用大数据、云计算等技术手段，实现对电力系统的精准控制和优化调度。

第四，电力核心技术装备领域存在的短板问题日益凸显。当前，与世界能源电力科技强国相比，我国在多个关键技术领域仍存在明显的不足，特别是核心技术装备的研发与应用上，亟待取得突破性的进展。政府应制定出台一系列支持新能源发展的政策措施，加大对电力核心技术装备研发的扶持力度，通过设立专项资金、优化税收政策、加强知识产权保护等手段，激发市

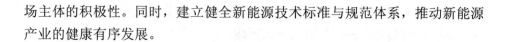

场主体的积极性。同时，建立健全新能源技术标准与规范体系，推动新能源产业的健康有序发展。

1.2 新型电力系统下储能的定位分析

1.2.1 多类型储能内涵及分类

储能通过特定介质或设备实现能量的存储与释放，以实现产能和用能在时空上的高效匹配，从而展现其灵活性优势，是能源革命中的关键技术。在"双碳"目标的推动下，储能技术正快速发展，其重要性日益凸显。储能形式多样，根据不同的特性和应用被分为多个类别。

（1）根据能量存储方式的不同，储能主要划分为机械储能、电磁储能、电化学储能和化学储能四大类别。机械储能主要涉及电能与机械能的转换，包括抽水蓄能、压缩空气储能及飞轮储能；电磁储能利用电场或磁场储存电能，包括超导储能和超级电容储能；电化学储能通过化学反应实现电能的存储与释放，包括铅酸电池、锂离子电池、液流电池、钠硫电池等；化学储能则侧重于电能与氢能之间的转换，即氢储能技术。

（2）根据应用场景的不同，储能又分为电源侧、电网侧和用户侧储能。电源侧储能以集中式配套、分布式微网等"可再生能源+储能"发展模式应用，有助于稳定可再生能源的供应，增加可再生能源的消纳能力；电网侧储能与配电网协同工作，参与电网调峰调频等电力辅助服务，有效增强供电可靠性；用户侧储能则通过需求侧响应和需求电价的商业模式，降低企业用电成本，提升经济效益。其中，与电网直接相连、有独立的功率和电量计量表的电源侧和电网侧储能称为表前储能或大储，而用户侧储能则称为表后储能，并可根据客户群体和应用规模进一步细分为工商业储能与家庭储能。工商业储能主要服务于各类企业和工厂，其规模较大，对于能源供应的稳定性和连续性有着更高的要求；而家庭储能则针对普通家庭用户，规模相对较小，但对于节能减排和提高能源利用效率同样具有重要意义。近年来，随着能源结构的转型，我国的用户侧储能发展迅速，且以工商业储能为主。这些工商业储能系统可以为企业提供稳定的电力供应，在电力需求低谷时充电，在高峰时放电，实现能源的合理利用。工商业储能还可根据是否随工商业光伏安装进行进一步的分类。与光伏系统相配套的工商业储能被称为光伏配套工商业储能，能够直接利用光伏系统产生的电能进行充电；而没有与光伏系统相配套的工商业储能，则被称为非光伏配套工商业储能，主要依靠电网供电进行充电。

（3）根据储能时长的不同，储能技术还可分为容量型（≥4h）、能量型（1～2h）、功率型（≤30min）和备用型（≥15min），以适应不同应用场景的需求。目前，新能源领域通常采用功率型或能量型储能系统，主要用于减缓功率波动，但随着新能源装机容量和发电比例的不断上升，对储能时长的需求逐渐提高，因此容量型储能的需求也在不断增长，容量型储能的应用场景包括削峰填谷和离网储能等。在长时间储能技术方面，有许多种类可供选择，如抽水蓄能、压缩空气、储氢以及各种容量型储能电池。各储能技术应用场合见图 1-1。

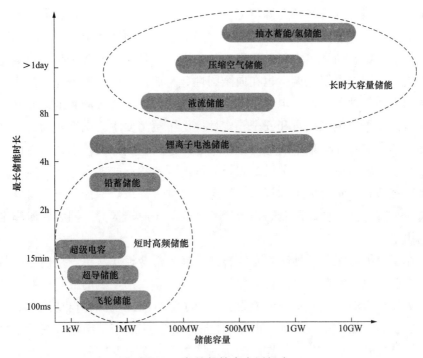

图 1-1　各储能技术应用场合

1.2.2　新型电力系统下储能发展必要性

随着低碳发展理念在电力行业的深入贯彻，构建以清洁高效新能源发电为核心的新型电力系统已成为行业发展的必然趋势，在确保电力供应安全稳定的前提下，应通过源网荷储的协同互动与多种能源的互补利用，构建起以新能源为供给主体的电力系统。

然而，新型电力系统在电压稳定性、系统震荡风险以及电力电量平衡性等方面有赖于挖掘灵活性资源潜力以增强电力系统的稳定性。储能作为一种调节性能优秀且运作灵活的资源，可以根据电力系统的实际需求，快速响应并调节电能的储存和释放，还可以与新能源发电设备、电力电子变流器等设备进行协同配合，实现电力系统的优化运行和高效利用，能够有效地助力新型电力系统发展。

在发电侧，随着光伏和风电的装机规模持续扩大，相较于传统燃煤发电的稳定连续出力，新能源发电具有较强的随机性和波动性，电力系统安全稳定面临挑战。同时，当前电能需求日益增加，发电侧急需增设新型发电装置以满足用户侧不断增长的负荷需求。储能技术的应用实现了在用电低谷时存储余电，在用电高峰或新能源供应不足时释放，有效提升电能质量，减少能源浪费，提高设备利用率，降低装机容量需求，实现成本节约。

在电网侧，新型电力系统呈现出从集中化、体系化向扁平化、分散化转变的趋势，同时发用电调度也在向全国性、开放性的电力市场方向演变。新能源的不稳定性导致发用电峰谷差增大，大规模、分布式的新能源并网对电网的负荷调平、电能质量和安全稳定性提出了更高要求。电网作为公共基础设施，其末端及偏远地区的电力供应难题亟待解决。储能技术在智能电网构建中占据重要地位，通过关键节点及偏远地区的移动式或固定式储能布置，实现削峰填谷、负荷调平和调频，满足电力供应需求。储能的引入有效缓解了传统扩容方式的资源限制与需求增长之间的矛盾，提升了网络资源和设施的利用率。

在用户侧，负荷特性正由刚性转向柔性，消费模式从单一型向生产与消费结合型转变，源荷互动性日益增强。储能技术在用户侧的应用日益广泛，包括大型综合能源系统中的储能设施以及小型分布式电源、电动汽车等分散化储能设施。储能不仅有助于改善用户侧管理，实现节能节电，提高用电效率，还能提升用户侧分布式能源的接入能力、应对灾变能力，保证供电可靠性，并满足用户对电能质量及备用电源的需求。此外，储能技术颠覆了传统电力系统中供需平衡的运行原则，其作用时间在短时和长时内均有所体现，这是其与传统即发即用设备的主要区别，也是储能技术价值的重要体现。

1.3　新型电力系统下储能发展机遇与挑战

2023 年，新型储能在项目推进和技术创新方面发展迅速。中国能源研究会储能专委会和中关村储能产业技术联盟全球储能数据库的数据显示，2023 年我国新增投运新型储能装机容量为 21.5GW/46.6GWh，首次突破 20GW，是 2022 年的三倍，功率和能量规模同比增长均超 150%。100 余个百兆瓦级项目投运，同比增长 370%；非锂储能技术应用逐渐突破，多种长时储能项目被纳入省级示范项目清单。储能系统中标均价持续下行，以锂电池为例，受上游原材料价格跌势和竞争加剧等因素影响，至 2023 年 12 月，锂电池价格跌至 0.79 元/Wh，相比年初几近腰斩，并且出现过低于 0.6 元/Wh 的报价。

2024 年，新型储能市场将延续高速发展态势，新增部署储能系统装机将达 24.8GW，储能容量将达到 55GWh。随着政策和规则不断完善，新型储能产品的经济性有望提升，商业模式更加成熟，储能电站的运营水平将不断提高。同时，国内储能技术快速发展，成本进一步下降，企业加速出海布局，产能或继续扩张，但在贸易壁垒和国际标准方面面临挑战，资金缺乏和技术积累不足的企业将面临更大压力。

1.3.1　政策层面

1. 发展机遇

目前，储能产业尤其是新型储能，正处在由商业化初期向规模化发展转变的关键时期，随着全球能源转型，全球多个国家都制定了支持储能产业发展的政策，我国也高频率出台多项储能政策，储能产业迎来了新的发展机遇期。

一是各国政府出台储能政策，引领产业发展。各国政府纷纷制定了促进储能发展的政策措施，如设定储能目标、提供财政补贴、推动市场改革、完善法规标准等。例如，2020 年，英国政府提出的"绿色工业变革十项关键计划"提供 1 亿英镑支持能量存储和灵活性创新技术的研究，以实现高比例可再生能源系统下不同时间尺度的能量存储。美国在 2022 年年底通过了《基础设施投资与就业法案》，其中包含了对储能技术的大力支持，如设定了 2030 年和 2050 年的储能目标、提供了 60 亿美元的储能补贴、建立了储能研发中心等。

二是我国储能政策出台频率高，更新速度快。自 2005 年《可再生能源产业发展指导目录》出台至 2020 年前，我国国家层面出台的、与储能相关的政策方案仅有十余项，这些政策大多聚焦于可再生能源产业及新能源汽车产业，储能技术则主要是作为上述领域发展的配套技术存在的。随着可再生能源领域的进一步发展及"双碳"目标的提出，我国国家层面仅在 2020—2021

年陆续发布的主要与储能有关的政策文件就有四十余项，2022 年仅 1、2 月就发布储能相关政策十余项；地方层面，全国各省市在 2021 年—2022 年 2 月发布与储能有关的主要政策一百余项，涉储能政策 200 余项。2022 年 3 月，我国发布了《"十四五"新型储能发展实施方案》，提出了"十四五"期间新型储能的发展目标、重点任务和保障措施，明确了新型储能将从商业化步入规模化发展时期。这一时期，与储能有关的政策涵盖储能企业定位、电价激励机制、电力辅助市场、源网荷储一体化、示范文本等多个维度，呈现出精细化发展趋势。

2. 面临的挑战

尽管近年来国务院、各部委及各省市与储能有关的政策层出不穷，我国储能领域仍然存在顶层设计缺乏、法律法规缺位、主体地位不明、行业标准缺失等问题，如何使储能产业各主体（尤其是储能企业）独立成为源网荷储一体化建设的一部分，发挥其在能源行业（特别是可再生能源领域）、电力行业的关键作用，还需进一步研究，政策支持储能产业发展仍然面临挑战。

一是储能产业标准体系不完善，安全风险提升。目前，我国储能产业的标准体系尚不完善，特别是在电池管理系统、能量管理系统、并网验收、电池回收等方面的储能技术标准还存在空缺。这种不完善的标准体系为储能行业的发展和应用带来一些挑战。首先，缺乏明确的标准规范限制了储能技术的规范化和统一性。不同厂商、不同项目之间可能存在标准不一致的问题，使得储能系统的设计、制造和运行存在差异。缺乏统一的标准将导致储能系统的互操作性和整体性能降低，增加了系统集成和运维的难度。其次，缺乏一致性的验收标准给项目建设和运营带来不确定性。在储能项目的并网验收过程中，缺乏统一的标准和程序，使得验收结果的判断和评估缺乏一致性和可靠性，增加了项目建设和运营的风险和成本。此外，储能技术的快速发展和新技术的涌现使得现有的储能系统标准需要不断更新和完善。最后，储能技术涉及能量的储存和释放，存在一定的安全风险。然而，目前缺乏完善的储能安全评估体系，难以全面准确地评估和识别潜在的安全风险。

二是激励政策相对滞后，力度有待加强。虽然我国政府在可再生能源领域采取了积极的政策措施，但在储能领域尚缺乏明确的政策目标和规划。尽管近年来一些政策文件开始重视储能产业的发展，但具体的配套细则和补贴计划尚未完全出台。相比之下，一些发达国家如美国、澳大利亚、英国等在几年前就提出了针对储能项目的多重补贴计划，并制定了相应的政策框架。例如，早在 2009 年，美国加利福尼亚州的自发电激励计划就已经涵盖了储能项目，并根据储能的装机容量为用户提供了直接的经济激励，以刺激储能行业的发展。2012 年，澳大利亚成立可再生能源署，为电池储能项目提供资金支持，并通过设立储能竞标计划，鼓励投资者参与储能项目的建设。我国储能领域的政策扶持力度相较于这些发达国家仍有待加强。目前，我国有关储能产业的补贴政策主要集中在电动汽车领域，对于储能技术在电网和分布式电源方面的应用项目的补贴政策相对滞后。

三是储能产业配置依靠政策强制，市场激励不强。2021 年 8 月，国家发展改革委、国家能源局发布《关于鼓励可再生能源发电企业自建或购买调峰能力增加并网规模的通知》（发改运行〔2021〕1138 号），要求各省市发展改革委、能源局、有关企业充分认识提高可再生能源并网规模的重要性和紧迫性，鼓励发电企业自建储能或调峰能力增加并网规模，允许发电企业购买储能或调峰能力增加并网规模，并对自建调峰资源方式设置"超过电网企业保障性并网以外的规模初期按照功率 15%的挂钩比例（时长 4h 以上，下同）配建调峰能力，按照 20%以上挂钩比例进行配建的优先并网"的挂钩比例要求。从这一规定中不难看出，国家对可再生能源配置储能设备虽已有一定的市场激励政策设计，但总体上仍处于依靠政策强制的阶段，反而不利于发挥相关市场主体的主动性、积极性。此外，在我国光伏与陆上风电已实行平价上网制度、海上风电也将很快实行平价上网制度，取消财政补贴的形势下，光伏、风电新能源发电企业的电力生产成本压力已经很大，如果再对光伏、风电强行要求配置储能，光伏、风电新能源的生产成本将更高，这要求在储能发展的初级阶段提供相应的财政补贴，否则将导致"光伏/风电+储能"的运作模式不具备经济可行性。

综上所述，各国储能产业在起步阶段均表现出较强的政策依赖性，清晰明确、扶持性强的政策能够有效促进这一产业的发展。我国当前正处在新型储能从商业化初期向规模化发展转变的关键时期，能否制定切实有效的法律法规和配套政策，将明显影响传统能源、电力企业向储能产业转型发展的意愿。随着《"十四五"新型储能发展实施方案》的发布，储能行业的发展趋势和方向变得更加值得期待。

1.3.2　技术层面

1. 发展机遇

与传统电力系统相比，新型电力系统运行机理和平衡机制面临重大转变。储能具有响应灵敏、调节速度快等优点，能够保障电力系统安全稳定运行。特别是随着储能与大数据、云计算等数字化技术深度融合，可在新型电力系统中实现灵活调度，智能管理，最大限度提高能源利用效率。在可再生能源大规模并网的趋势下，储能技术发展势头强劲，电化学储能展现出巨大发展潜力，材料、器件等技术的进步提高了产品可靠性，储能技术迎来高速发展时期。

一是储能材料、器件等技术的迅速发展，提升了产品性能。近年来，储能领域在材料、器件、系统设计和控制等方面实现了显著的技术进步，增强了储能产品的性能和可靠性，拓展了其应用范围和功能。例如，锂离子电池领域，通过正负极材料、电解液及隔膜等关键组件的突破，提高了电池的容量、循环寿命和安全性能。压缩空气储能技术方面，针对压缩机、膨胀机及换热器等核心设备进行了优化改进，提高了储能系统的效率和运行灵活性。此外，液流电池技术迎来了新发展，电解质、电极材料及膜技术的创新，有效提高了液流电池的功率密度和能量密度。

二是可再生能源大规模并网，推动储能技术发展。储能技术是解决电力规模存储及调度的关键技术，对维持电力系统的稳定性和灵活性具有重要作用。随着风电、光伏发电上网规模的不断增加，电力系统将面临较大的波动。储能技术能够在发电侧、电网侧和用户侧发挥平衡供需的作用，极大地提高风电、光伏发电的可靠程度。可再生能源大规模并网趋势不可逆转，储能技术将会得到进一步发展。

三是电化学储能技术高速发展，助力低碳转型。随着气候治理的紧迫性日益增强，储能技术正成为推动全球能源系统实现低碳转型的重要引擎。早期，储能技术主要集中于抽水蓄能。如今，电化学储能已经展现出巨大的增长潜力。根据 CNESA 的不完全统计，截至 2022 年年底，全球已经运行的储能项目中，以电化学储能为代表的新型储能累计装机年增长率达到 80%。其中，锂离子电池展现出强劲的增长势头，年增长率超过 85%。截至 2022 年年底，我国已投运电力储能项目累计装机规模占全球市场总规模的 25%。其中，新型储能项目的年增长率达 120%。随着全球低碳转型加快，储能技术迎来高速发展时期。

2. 面临的挑战

储能的发展目前仍面临成本相对较高、项目利用率低、技术仍需突破等挑战。当前，除抽水蓄能外，大多数新型储能技术仍处于技术发展初期，投资建设成本仍然较高。在我国能源系统转型的背景下，储能技术发展面临许多挑战。

一是储能技术尚不成熟，应用成本高昂。尽管近年来我国在储能技术方面取得了较大进步，但与美国、澳大利亚、英国等发达国家相比仍存在较大差距，高昂的应用成本仍然是其大规模应用的主要障碍。储能技术的度电成本除了与容量成本有关外，还受到功率成本、能源利用效率、循环寿命等因素的影响。目前，我国的储能技术在这些方面与发达国家相比仍存在较大差距。抽水蓄能是我国目前技术最成熟且应用规模最大的储能技术，也是度电成本最低的技术方案。然而，抽水蓄能对环境和地理条件有较高的要求，并且在灵活性和可扩展性方面较为局限。相比之下，以锂离子电池为代表的新型储能技术具备高能量密度、低污染和快速响应等优势，被认为是未来储能的重要发展方向。目前，锂离子电池广泛应用于电动汽车、移动设备等领域，其在能量密度、能源利用效率和循环寿命等方面都取得了显著的进步。然而，锂离子电池需求的迅速增长，对锂资源的供应提出了挑战。这导致锂离子电池成本上涨，从而为锂离子电池成本控制带来一定的挑战。

二是储能配比滞后于可再生能源发展，限制产业发展。目前，储能技术的研发和商业化进程相对较慢，尤其是与可再生能源发展相比。虽然一些成熟的储能技术如锂离子电池已经广泛应用，但在大规模应用和经济性方面仍存在限制。其他新兴的储能技术如液流电池、氢储能等仍处于早期阶段，面临着技术成熟度和成本效益等方面的挑战。这导致储能配比无法及时跟上可再生能源发展的速度。据国家能源局统计，截至 2022 年，我国的风电和光伏累计装机容量已分别超过 360GW 和 390GW，但包括抽水蓄能在内的储能装机容量还不足 54GW，其中新型储能装机规模仅有 8.7GW。这意味着，目前我国的储能配比滞后于可再生能源发展的速度，给可再生能源的大规模部署和消纳带来了一些挑战，从而可能导致能源浪费和系统负荷不平衡。另外，储能系统的规划和布局需要综合考虑电力系统的运行需求、可再生能源的供应特性、市场机制、电网规划和运营管理等因素，并且确保储能系统能够有效地与可再生能源发电系统协同运行。如何将储能系统有效地整合到电力系统中也是目前面临的一个重要挑战。缺乏相关技术和经验可能导致储能系统的规划和整合不够高效，从而限制储能产业的发展速度。

三是长时储能战略布局落后于英美，技术发展亟待突破。随着光能、风能占比逐渐上升，其发电的间歇性对电网影响将越来越大，要解决这个问题，光靠建造更多输电网络远远不够，必须依靠不同时长的规模化、高安全性储能技术，尤其是大容量、长时间、跨季节调节的长时储能技术。它不仅能在更长时间维度上调节新能源发电波动，还能在极端天气下保障电力供应，降低社会用电成本。为解决长时储能部署障碍，加大投资力度，美国在2021年提出10年内将电网规模10h以上长时储能成本降低90%的战略目标；2023年3月提出净零情景下2050年需部署225～460GW长时储能。英国也提出了面向长时储能技术的投资激励计划，2024年1月提出在2030—2050年部署20GW长时储能技术。相对美、英等国，我国目前还未有专门出台针对长时储能战略布局和激励计划。此外，我国长时储能技术发展相对滞后，规模化和产能扩大面临瓶颈，目前建设的绝大多数长时储能满足要求的仅仅有极少数的熔盐热储能光热电站，几个少量的压缩空气储能以及部分液流电池储能等示范项目。

综上所述，新型储能在技术成熟度提升以及新型技术路线开发等方面都面临着前所未有的发展机遇。随着科技的快速发展，储能技术特别是电化学储能技术（如锂电池）正处于快速发展阶段，展现出巨大的增长潜力。但是一些储能技术如飞轮储能和压缩空气储能仍处于示范阶段，需要进一步的技术突破和创新。未来应增加对储能关键技术的研发力度，降低储能系统成本，提高技术安全程度与充放电效率。

1.3.3 市场层面

1. 发展机遇

随着我国电力市场改革的不断深化，现货、辅助服务及容量市场成熟度将进一步加深，未来独立储能收益呈现"短期靠补偿、长期靠市场"的特点。2024年，新型储能市场将延续高速发展态势，随着政策和规则不断完善，新型储能产品的经济性有望提升，商业模式更加成熟，储能电站的运营水平将不断提高，储能市场将得到进一步发展。

一是第二、第三产业低碳转型，推动储能市场发展。根据电力规划总院数据，我国第二、第三产业用电量在近5年间持续上涨，截至2023年我国全社会用电量总计92241亿kWh，同比增长6.86%，第二、第三产业用电量保持逐年增长态势。其中第二产业中高技术及装备制造业的用电表现尤为亮眼，全年用电量同比增长11.3%，超过制造业整体增长水平3.9个百分点，此外光伏设备及元器件制造业用电量同比增长76.8%，新能源车整车制造用电量同比增长38.8%。消费品制造业各季度的同比增速及两年平均增速呈逐季上升态势。因此，在国内全面落实工业领域及重点行业"双碳"实施方案，同时避免欧美碳边境调节机制对国内高载能行业的影响的大背景下，倒逼我国第二、第三产业需要进行节能以及绿色用能改造。在用电量不断提升的同时，以工商业为主的第二、第三产业需要加速低碳转型，这也进一步推进了工商业储能市场在国内的发展。

二是新能源市场大规模提升，拉动储能市场规模增长。我国储能市场在"十四五"期间增速迅猛，2023 年新增装机规模达到了约 23.22GW/51.13GWh，同比增长 221%；源网侧仍占据国内储能市场的主要地位，按照装机功率统计，2023 年国内源网侧新增装机占比高达 90%，国内储能在用户侧应用则以工商业储能为主，2023 年新增装机占比达到了 10%，其中 99% 为工商业储能。2023 年国内新能源市场规模持续提升，光伏风电的大规模并网拉动源网侧储能配置需求同步上涨。根据工业和信息化部及其他专业机构统计数据，2023 年国内集中式光伏新增装机 120.014GW，同比增长 148%，风电装机 45.9GW，同比增长 102%。我国风光大基地项目建设持续发力，在完成首批风光基地建设后，后续还有超过 450GW 风光大基地项目待建。根据储能领跑者联盟（EESA）统计，2023 年我国源网侧储能新增装机 21.46GW/46.40GWh，同比增长近 200%，占全国新型储能新增装机的 96%，在我国新型储能装机结构中仍据主导地位。

三是储能市场政策密集出台，市场化进程加快。2023 年是独立储能发展元年，关于电力市场、容量补偿、容量租赁政策密集出台，促进独立储能盈利路径拓宽，市场化进程进一步加快：据 EESA 统计，国家及多地政府全年共发布相关政策 45 条，我国电力市场改革取得突破性进展。其中，《关于进一步加快电力现货市场建设工作的通知》（发改办体改〔2023〕813 号）明确了省级、区域级、省间电力现货试运行时间节点，为省级电力现货市场建设指明了方向；《关于建立煤电容量电价机制的通知》（发改价格〔2023〕1501 号）通过容量电价补偿的形式使煤电回收一部分固定成本，其在电源侧的作用由发电主力逐渐向保供身份及调节性电源转变，为风光逐步让出市场，进而推动储能装机规模进一步提升，成为我国电力系统转型史上的里程碑事件；《内蒙古自治区独立新型储能电站项目实施细则（暂行）》按放电量给予电网侧独立储能示范项目最高 0.35 元/kWh 的容量补偿，一定程度上保障储能固定成本回收。

2. 面临的挑战

储能电站作为电力系统中的关键灵活性资产，对于提升电网调节能力和保障系统稳定运行至关重要，但目前仍面临着安全性、经济性、市场机制不完善、利用效率低等多重挑战，储能参与市场的主体地位和机制还未明确，供需错配和产能过剩等问题制约了储能市场发展。

一是储能独立市场主体地位不明确，商品属性无法体现。尽管我国的电力市场经过了一系列改革，但储能在其中的独立市场地位尚未体现。首先，储能技术具有调节电力供需、平滑负荷波动等特点，对电力系统的灵活性和稳定性有着重要影响。然而，由于现有的电力市场机制不够完善，储能的商品属性在现有的市场定价机制中无法得到充分体现。其次，目前对于储能的监管政策和市场准入标准还不够明确，导致储能项目的投资和发展面临一定的不确定性，阻碍了储能技术的大规模应用和发展。最后，在电力市场中，发电和负荷是参与市场交易的主体，而储能作为一种介于发电和负荷之间的资源，其在电力现货市场中的独立市场地位尚不明确。目前，储能主要被视为一种辅助资源，主要通过与可再生能源发电项目捆绑销售或作为配网设备的一部分来参与市场交易。然而，储能作为一种灵活的电力资源，应当具备独立的市场地位，并能够直接参与电力交易。

二是储能参与市场机制尚不完善，阻碍项目推进。尽管储能设备、运行成本不断下降，为储能靠自身经济性参与市场竞争创造了条件，但目前电力市场中的调度、交易、结算等机制还难以与储能应用全面匹配，储能在建设新型电力系统中的作用也没有被充分认识。储能技术作为一种新兴技术和业态，在市场机制方面还存在一些不完善和不适应的问题。例如，储能技术在电力市场中的定位和定价尚未明确，导致储能项目难以获取合理和稳定的收益；储能技术在多个市场中提供多种服务时，存在双重计费和重复补贴等问题，导致储能项目难以充分发挥其价值；储能技术在用户侧和电网侧中应用时，存在跨区域、跨所有制、跨行业等问题，导致储能项目难以顺利推进。

三是储能产业供需错配，产业链难以协调发展。随着储能市场的快速扩张，储能产业链上下游之间出现了供需错配的现象。一方面，储能上游原材料供应存在短缺和波动的风险，如锂、钴、镍等稀缺金属资源，以及碳纤维、聚合物等高性能材料。另一方面，储能下游市场需求存在不确定和不稳定的因素，如政策变化、市场竞争、用户偏好等。这些都给储能产业链的协调发展带来了压力和挑战。

四是储能产业扩张迅速，结构性产能过剩问题凸显。在政策的推动下，众多企业纷纷进入储能产业各个环节，产业投资加速增长，掀起全产业链扩产大潮，储能装机规模成倍、翻番地增长，尤其是新型储能。据 CNESA 最新披露的行业统计数据，2023 年新增装机规模达 21.5GW/46.6GWh，是 2022年水平的 3 倍。随着储能企业爆发式增长和投产扩张，面对目前有限的储能市场应用规模，带来了行业内结构性产能过剩、储能产品低价低质竞争等问题。部分企业不得不牺牲短期盈利、打价格战、做亏本买卖，参与市场竞争。据寻熵研究院调查统计，由于碳酸锂价格下降83%，叠加电芯产能过剩、参与厂商众多、竞争激烈等因素，2023年储能电芯和储能系统报价大幅下降。

　　综上所述，储能市场在当前全球能源转型的大背景下，呈现出快速发展的态势，政策支持、低碳转型等因素促进了储能市场的高速发展。但同时，储能市场也面临一些挑战，例如储能参与电力市场的机制尚不完善，需要进一步明确储能的市场主体地位和交易机制。未来通过加大研发投入、完善市场机制等促进储能市场健康发展。

储能发展现状及应用场景

2.1 国内外储能产业发展现状

2.1.1 储能技术类型

传统的电力生产过程中，电能的生产、传输和消费是瞬间完成的，这种特性直接影响电力系统的规划、建设、调度运行及控制方式。储能技术的出现为改变这种供需实时平衡提供了可能。储能系统具有"高储低发"的特点，能够缩小电力系统的峰谷差，提高电网安全稳定运行水平，有利于大规模清洁能源的接入。根据能量存储方式不同，常见储能技术可以分为四大类，分别为电化学储能、机械储能、电磁储能和氢储能。每种不同的储能技术又包含更多不同的应用形式（见图 2-1）。

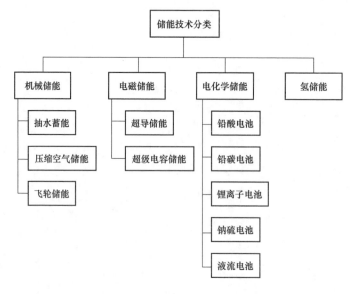

图 2-1　储能技术的分类和应用

1. 机械储能技术运行特性

在探讨机械储能的运行特征时，关注的焦点普遍在于能量转换和储存的效率上，以及储能系统的动态行为。然而，由于机械储能系统的复杂性，很难用单一的数学公式来全面描述其运行特征。不过，可以针对某些关键参数或行为给出近似的数学表达式。

（1）压缩空气储能。在压缩空气储能系统中，空气被压缩并储存在储气罐中。储气罐中的压力 P 与储存的能量 E 和储气罐的体积 V 有关。然而，由于压缩过程中气体的温度变化，这个关系是非线性的。只考虑等温压缩过程的简化表达式为：

$$E = \frac{PV}{k-1}\left[1-\left(\frac{P_0}{P}\right)^{\frac{k-1}{k}}\right] \tag{2-1}$$

式中：P 为储气罐中的压力，Pa；V 为储气罐的体积，m^3；k 为空气的比热容比（对于空气，$k\approx1.4$），P_0 为初始压力，Pa。

（2）飞轮储能。飞轮储能系统通过旋转的飞轮来储存能量。飞轮储存的能量 E 与其转动惯量 I、角速度 ω 的平方成正比，计算公式为：

$$E = \frac{1}{2}I\omega^2 \tag{2-2}$$

式中：E 为存储能量，J；I 为飞轮的转动惯量，$kg \cdot m^2$；ω 为飞轮的角速度，rad/s。

飞轮储能系统的效率 η 通常取决于多个因素，如电机的效率、轴承的摩擦损失等。然而，一个简化的效率表达式只考虑电机的效率 η_{motor}，见式（2-3）。

$$\eta = \eta_{motor} \tag{2-3}$$

实际上，飞轮储能系统的总效率会更复杂，并可能随时间变化。

2. 电磁储能技术运行特性

电磁储能技术，如超级电容器、电池、电感器和超导电磁储能等，具有不同的运行特性，这些特性通常涉及能量存储、功率密度、能量密度、充放电效率等。

（1）能量储存。对于电容器（包括超级电容器），存储的能量 E 与电容 C 和电压 V 的平方成正比，见式（2-4）。

$$E = \frac{1}{2}CV^2 \tag{2-4}$$

式中：E 为存储的能量，J；C 为电容，F；V 为电压，V。

对于电池，虽然具体的能量和电压的关系可能更复杂，但也可以简化为类似的公式。

（2）功率密度。功率密度是指储能系统单位质量或单位体积所能提供的功率。对于电容器或电池，它取决于电压、电流和系统的物理尺寸。只涉及电压和电流的简化表达式为：

$$P_{density} = \frac{V \times I}{m \text{或} V} \tag{2-5}$$

式中：$P_{density}$ 为功率密度，W/kg 或 W/m³；m 为系统的质量，kg；V 为体积，m³；I 为电流，A。

3. 电化学储能技术运行特性

电化学储能技术，特别是锂电池储能，其运行特性可以通过一系列基本的物理和电化学方程来描述。

（1）能量存储能力。能量存储能力通常用 E 表示，描述了储能系统的总能量存储能力，计算公式为：

$$E = V \times C \tag{2-6}$$

式中：E 为存储的能量，J；V 为电池标称电压，V；C 为电池容量，A·h。

（2）充放电过程。在充电过程中，电能转化为化学能，可以用法拉第定律描述电荷量与物质变化的关系，但实际操作中，常用库仑效率和能量效率来衡量充放电效率。放电过程则相反，化学能转化为电能释放。

4. 氢储能技术运行特性

（1）储氢密度。储氢密度是指单位质量或单位体积内所能储存的氢气量，计算公式为：

$$\rho_{H_2} = \frac{m_{H_2}}{V} \tag{2-7}$$

式中：ρ_{H_2} 为储氢密度，kg/m³；m_{H_2} 为氢气的质量，kg；V 为储氢设备的体积，m³。

（2）充放氢速率。充放氢速率描述了在特定时间内充入或释放的氢气量，通常用单位时间（如小时）内充入或释放的氢气质量或体积来表示。

（3）储氢效率。储氢效率是指氢气在存储和释放过程中的能量转换效率。由于氢气的存储和释放通常涉及化学或物理过程，因此效率会受到多种因素的影响，如温度、压力、催化剂等，计算公式为：

$$\eta = \frac{E_{released}}{E_{stored}} \times 100\% \tag{2-8}$$

式中：η 为储氢效率，%；$E_{released}$ 为释放出的氢气能量，kJ；E_{stored} 为存储的氢气能量，kJ。

（4）循环寿命。循环寿命是指储氢设备在特定条件下能够完成充放氢循环的次数。由于循环寿命受多种因素影响，如材料、设计、使用条件等，因此通常没有直接的数学公式来描述，但可以通过实验数据或经验公式来估算。

2.1.2 储能发展现状

1. 国外储能产业发展现状

许多国家和地区出台了储能市场机制建设和财税支持的相关政策，以助力储能市场推广和产业发展。世界主要经济体在储能技术研究和推广应用方面相继展开激烈竞争，在政府层面制定了相应政策予以支持。

截至 2023 年年底，全球储能项目累计装机规模 289.2GW，年增长率 21.9%。抽水蓄能累计装机规模占比降幅较大，首次低于 70%，与 2022 年同期相比下降 12.3 个百分点。新型储能累计装机规模达 91.3GW，是 2022 年同期的近两倍。全球储能市场继续高速发展，新增投运电力储能项目装机规模突破 50GW，达到 52.0GW，同比增长 69.5%。其中，新型储能新增投运规模创历史新高，达到 45.6GW，与 2022 年同期的累计装机规模几乎持平。美国、日本和韩国等国家储能市场较活跃，各有特点。在美国，政策率先推动电源侧调频市场发展，高昂的电价助力其用户侧储能迅速发展。随着成本的大幅下降，新能源配置储能替代传统发电机组开启能源革命已见雏形。美国各州政策及市场具有较强的针对性。日本和韩国，通过推行可再生能源一体化政策，推动新能源配置储能方面的应用。综合来看，储能区域发展特征非常突出，储能产业发展必须充分考虑地区能源结构和产业条件。

当前全球新型储能市场仍处于发展初期，依托生产侧绿色电气化及终端广泛电气化的能源转型发展背景，储能发展迅速且市场空间大，新型储能项目的建设规模越来越大。特别是美国、英国和澳大利亚等国，相继发布了百兆瓦级储能项目建设规划，储能单站规模均创造了各自的历史新高。美国 2021 年电网新增电池储能系统装机规模近 4.2GW。美国加利福尼亚州发展储能较为积极，预计到 2032 年将增加 15GW 储能系统。英国 2020 年通过立法取消电池储能项目容量限制，允许在英格兰和威尔士分别部署规模在 50MW 和 350MW 以上的储能项目。澳大利亚继续将霍恩斯代尔（Hornsdale）百兆瓦级电池储能项目的成功经验复制到多个地区，其中包括 AGL 在南澳规划的一个 250MW/1000MWh 电池储能项目、Neoen 在维多利亚州部署的 300MW/450MWh 锂电池储能项目、Renewable Energy Partners 在昆士兰州开发的 500MW 电池储能项目，以及 Fortecue 在西澳大利亚州计划开发的 9.1GWh 电池储能项目。

2. 国内储能产业发展现状

根据中关村储能产业技术联盟全球储能数据库，2023 年我国新增投运新型储能装机规模 21.5GW/46.6GWh，功率和能量规模同比增长均超 150%，三倍于 2022 年新增投运规模水平，并且首次超过抽水蓄能新增投运近四倍之多，共有超过 100 个百兆瓦级项目实现投运，该规模量级项目数量同比增长 370%。锂电占比进一步提高，从 2022 年的 94% 增长至 2023 年的 97%。压缩空气储能、钠离子电池、液流电池、飞轮、超级电容等非锂储能技术逐渐实现应用突破，为新型电力系统建设和多元用户侧场景提供了更多的技术选择。在新能源汽车的带动下，锂电成本大幅下降，锂电装机占据绝对主导地位，占比已经超过 95%，比 2022 年同期增长 7.2 个百分点。

截至 2023 年，我国已投运电力储能项目累计装机规模 86.5GW，同比增长 45%；抽水蓄能累计装机规模 51.3GW，同比增长 11%。抽水蓄能累计装机规模占比首次低于 60%。抽水蓄能目前仍然是高可靠的主流大容量储能手段，但同时也存在初始投资成本高昂、建造工期长和选址困难等制约因素。电化学储能技术因配置灵活，兼具成本快速下降优势，成为新型储能发展的重要方向。据统计，2023 年内，我国新增并网运行的电化学储能电站数量达到 486 座，新增装机总量实现了历史性的突破，总功率达到了 18.11GW，对应的总能量存储容量高达 36.81GWh，与 2022 年同期相比，总功率的增长幅度接近 4 倍，一举超过了历年累计的装机规模总和，标志着我国电化学储能产业步入了高速发展阶段。

从储能资本市场来看，2023 年上半年，储能赛道持续火热，资本大量涌入。据中关村储能产业技术联盟全球储能数据库的不完全统计，多起储能融资事件的金额都在亿元以上，上半年融资总额达到 734 亿元，涉及领域除了锂电池及其材料相关的研发和制造外，还包括钠离子电池、液流电池和电力转换系统等。多家产业链企业上半年进入或完成上市进程，然而下半年资本市场呈现相对疲软的态势，多家企业上市之路受阻。

在政策层面，国家发展改革委、国家能源局印发《关于加快推动新型储能发展的指导意见》（发改能源规〔2021〕1051 号），明确到 2025 年实现新型储能装机规模 3000 万 kW。国家发展改革委印发《关于进一步完善分时电价机制的通知》（发改价格〔2021〕1093号），进一步拉大峰谷价差，为储能盈利创造可能。随后国家能源局提出：电网企业要做好新能源、分布式能源、新型储能和增量配电网等项目接入电网服务，为储能接入国家电网扫除了障碍。此外，各个省级部门也纷纷出台新能源强制配储政策、储能补贴政策。

2.2　典型储能特性分析

2.2.1　机械类储能

1. 抽水蓄能

抽水蓄能是指在电网负荷低谷期，将水从低位水库抽到高位水库储能，在电网负荷高峰期,将高位水库中的水回流到低位水库推动水轮发电机发电。抽水蓄能属于大规模集中式能量储存，其优点是：技术成熟，可用于电网的能量管理和调峰；储存效率一般为65%～75%，最高可达80%～85%；负荷响应速度快，从全停到满载发电约5min，从全停到满载抽水约1min；具有日调节能力，适配核电站、大规模风力发电、超大规模太阳能光伏发电。其缺点是：建造比较依赖地理条件，有一定的难度和局限性；与负荷中心有一定距离，需长距离输电。抽水蓄能是当前最主要的储能方式，截至2023年底，抽水蓄能的累计装机规模最大，为51.3GW，预计2035年我国抽水蓄能装机规模将增加到3亿kW。

2. 压缩空气储能

压缩空气储能是指在电网负荷低谷期将电能用于压缩空气，将空气高压密封在报废矿井、沉降的海底储气罐、山洞、过期油气井或新建储气井中，在电网负荷高峰期释放压缩空气，推动汽轮机发电。其优点是：具有削峰填谷作用，可消纳可再生能源，可作为紧急备用电源。其缺点是：地点受限，效率低，需要燃气轮机配合。

3. 飞轮储能

飞轮储能是指利用电动机带动飞轮高速旋转，在需要的时候再用飞轮带动发电机发电。其优点是：运行寿命长，功率密度高，维护少、稳定性好、响应速度快（毫秒级）。其缺点是：能量密度低，只可持续几秒到几分钟，自放电率高。飞轮储能多用于工业和不间断电源中，适用于配电系统运行，可作为一个不带蓄电池的不间断电源，当供电电源故障时，快速转移电源，维持小系统的短时间频率稳定以保证电能质量（如供电中断、电压波动等）。

2.2.2 电磁类储能

1. 超导储能

超导储能是指利用超导线将电磁能直接储存起来，需要时再将电磁能返回电网或其他负载。其优点是：功率密度高，响应速度极快。其缺点是：价格昂贵，能量密度低，维持低温制冷运行需要大量能量，应用有限。超导储能适用于提高电能质量，增加系统阻尼，改善系统稳定性能，特别是用于抑制低频功率振荡。由于价格昂贵和维护复杂，虽然目前已有商业性的低温和高温超导储能产品可用，但是应用很少。

2. 超级电容储能

超级电容储能是指在电极/溶液界面，通过电子或离子的定向排列，形成电荷的对峙，从而实现储能。其优点是：寿命长，响应速度快，效率高，维护少，运行温度范围广。其缺点是：电介质耐压很低，储存能量较少，能量密度低，投资成本高。超级电容储能技术的开发已历经五十多年，近二十年来，该技术取得了显著进步，其电容量相较于传统电容器有了大幅提升，达到了数千法拉的水平。同时，超级电容器的比功率密度可达到传统电容的十倍。超级电容储能将电能直接储存在电场中，无能量形式转换，充放电时间快，适合用于改善电能质量。由于能量密度较低，适合与其他储能方式配合使用。

2.2.3 电化学储能

1. 铅酸电池

铅酸电池的工作原理是电池内的正极和负极浸到电解液中产生电势。其优点是：可靠性好，原材料易得，价格便宜。其缺点是：充放电电流受限，深度充放电影响电池寿命，使用温度在-20～50℃。铅酸电池常用作电力系统的事故电源或备用电源，以往大多数独立型光伏发电系统配备此类电池。但随着锂离子电池等新技术的发展，因其能量密度高、寿命长、维护少，正逐渐取代铅酸电池，成为新的储能选择。

2. 铅炭电池

铅炭电池由铅酸电池技术发展而来，是在铅酸电池的负极中加入了活性炭，将铅酸电池与超级电容器两者合一，显著提高铅酸电池的寿命。其优点是：提升了电池功率密度，延长了循环寿命。其缺点是：活性炭占据了部分电极空间，导致能量密度降低。

3. 锂离子电池

锂离子电池的正负电极由两种不同的锂离子嵌入化合物构成。常用的锂离子电池主要有磷酸铁锂电池、锰酸锂电池、钴酸锂电池以及三元锂电池。锂离子电池比能高、效率高，从综合性价比来看最适合储能场景。目前锂离子电池技术仍在不断开发中，研究集中在提高使用寿命和安全性、降低成本以及材料研发上。

4. 钠硫电池

钠硫电池由熔融电极和固体电解质组成，负极活性物质为熔融金属钠，正极活性物质为液态硫和多硫化钠熔盐。其优点是：资源禀赋较高，其原材料钠、硫比较容易获得。其缺点是：生产成本高，且存在安全隐患。

5. 液流电池

液流电池由电堆单元、电解液、电解液存储供给单元以及管理控制单元等部分构成，其正负极电解液各自循环。液流电池具有容量高、使用领域（环境）广、循环使用寿命长的优点，是一种新能源产品。其中，全钒液流电池比较成熟，其寿命长，循环次数超过一万次，但其能量密度和功率密度与其他电池相比要低，响应时间也不是很快。

2.2.4 氢储能

氢储能是一种应用在特定环境下的储能技术，其本质是储氢，即将易燃易爆的氢气以稳定的形式储存，以更少的总质量蕴藏更多的能量。

氢储能技术涉及氢气制取、氢气储存、燃料电池几个方面，储能时通过电解水生成氢气并储存在储氢罐中，释放电能时再将氢气通过燃料电池或其他方式转换为电能进行输送。氢储能配置比较灵活，能利用管道传输和保存，对地理环境的要求低，运行过程中几乎没有污染物的排放，绿色环保，且不会破坏生态环境。此外氢储能容量大，可应用于长周期、跨空间能量储存的场景。在全球碳中和的时代背景下，氢储能技术作为一种绿色清洁的新型储能技术将迎来巨大机遇，但要实现大规模的应用仍面临许多问题，其中最关键的是制氢成本高、储能效率低的问题。氢储能的总效率低于50%。其次是氢气储存和运输的安全问题，制氢、储氢、运氢、用氢各环节均有可能发生因氢气泄漏而引发的爆炸。

2.3 我国储能发展政策环境分析

大力发展可再生能源是实现"双碳"目标的重要途径，但以风能、太阳能为代表的可再生能源发电具有波动性、间歇性、随机性特点，新型电力系统需要电力系统灵活性资源支撑。作为区别于传统电力发、输、用的新型主体，储能可以在电力系统运行的不同时点和节点发挥不同的功能与价值。根据国际能源署预测，在"碳中和"阶段，储能对负荷高峰的支撑作用将超过火电、水电、生物质发电等常规发电机组，尤其在可再生能源资源富集地区。在我国能源转型背景下发展储能已上升为国家战略，中共中央、国务院《关于完整准确全面贯彻新发展理念做好碳达峰碳中和工作的意见》明确提出要加快推进抽水蓄能和新型储能规模化应用，构建新型电力系统。国家发展改革委和国家能源局等部门相继出台了一系列政策，以加快储能技术的发展和应用。

2.3.1 发展规划政策

我国在储能领域的发展规划政策主要聚焦于实现能源安全新战略、积极推动"双碳"目标的实现，以及支撑新型电力系统的构建。政策梳理见表 2-1、表 2-2。

表 2-1　　　　　　　　　国家层面储能发展规划政策

发布时间	发布单位	政策名称	重点内容
2017 年 9 月	国家发展改革委、财政部、科学技术部、工业和信息化部、国家能源局	《关于促进储能技术与产业发展的指导意见》（发改能源〔2017〕1701号）	储能产业第一个全面指导性文件。提出未来 10 年我国储能产业的发展目标，以及推进储能技术装备研发示范、推进储能提升可再生能源利用水平应用示范、推进储能提升电力系统灵活性稳定性应用示范、推进储能提升用能智能化水平应用示范、推进储能多元化应用支撑能源互联网应用示范等五大重点任务，从技术创新、应用示范、市场发展、行业管理等方面对我国储能产业发展进行了明确部署，同时对于此前业界争论较多的补贴问题给予了明确答案
2020 年 1 月	教育部、国家发展改革委、国家能源局	《储能技术专业学科发展行动计划（2020-2024 年）》（教高函〔2020〕1 号）	经过 5 年左右努力，增设若干储能技术本科专业、二级学科和交叉学科，储能技术人才培养专业学科体系日趋完备，建设一批储能技术产教融合创新平台，推动储能技术关键环节研究达到国际领先水平，形成一批重点技术规范和标准，有效推进能源革命和能源互联网发展

发布时间	发布单位	政策名称	重点内容
2020 年 6 月	国家能源局	《2020 年能源工作指导意见》	加大储能发展力度，研究实施促进储能技术与产业发展的政策，积极探索储能应用于可再生能源消纳、电力辅助服务、分布式电力等技术模式和商业模式
2021 年 2 月	国家发展改革委、国家能源局	《关于推进电力源网荷储一体化和多能互补发展的指导意见》（发改能源规〔2021〕280 号）	合理配置储能，积极实施存量"风光水火储一体化"提升，稳妥推进增量"风光水（储）一体化"，探索增量"风光储一体化"，严控增量"风光火（储）一体化"
2021 年 3 月	全国人民代表大会	《中华人民共和国国民经济和社会发展第十四个五年规划和 2035 年远景目标纲要》	在氢能、储能等前沿科技领域，组织实施未来产业孵化和加速计划、谋划布局一批未来产业。加快电网基础设施智能化改造和智能微电网建设，提升清洁能源消纳和存储能力
2021 年 5 月	国家发展改革委	《"十四五"时期深化价格机制改革行动方案》（发改价格〔2021〕689 号）	完善风电、光伏发电价格形成机制，落实新出台的抽水蓄能价格机制，建立新型储能价格机制，推动新能源及相关储能产业发展，继续推进输配电价改革，理顺输配电价结构，提升电价机制灵活性，促进新能源就近消纳，以及电力资源在更大范围的优化配置
2021 年 7 月	国家发展改革委、国家能源局	《关于加快推动新型储能发展的指导意见》（发改能源规〔2021〕1051 号）	明确 3000 万 kW 储能发展目标，助推储能实现跨越式发展；强调规划引导，深化各应用领域储能布局；健全新型储能价格机制，推动储能商业模式建立。开展前瞻性、系统性、战略性储能关键技术研发，强化电化学储能安全技术研究。坚持储能技术多元化，推动锂离子电池等相对成熟新型储能技术成本持续下降和商业化规模应用，实现压缩空气、液流电池等长时储能技术进入商业化发展初期，加快飞轮储能、钠离子电池等技术开展规模化试验示范，以需求为导向，探索开展储氢、储热及其他创新储能技术的研究和示范应用
2021 年 9 月	中共中央、国务院	《关于完整准确全面贯彻新发展理念做好碳达峰碳中和工作的意见》（中发〔2021〕36 号）	加快推进抽水蓄能和新型储能规模化应用。加快形成以储能和调峰能力为基础支撑的新增电力装机发展机制。加强电化学、压缩空气等新型储能技术攻关、示范和产业化应用
2021 年 9 月	工业和信息化部、中国人民银行、中国银行保险监督管理委员会、中国证券监督管理委员会	《关于加强产融合作推动工业绿色发展的指导意见》（工信部联财〔2021〕159 号）	支持高效储能等关键技术突破及产业化发展。加快电子信息技术与清洁能源产业融合创新，推动新型储能电池产业突破，引导智能光伏产业高质量发展

续表

发布时间	发布单位	政策名称	重点内容
2021年11月	国家能源局、科学技术部	《"十四五"能源领域科技创新规划》（国能发科技〔2021〕58号）	突破能量型、功率型等储能本体及系统集成关键技术和核心装备，满足能源系统不同应用场景储能发展需要
2022年1月	国家发展改革委、国家能源局	《"十四五"新型储能发展实施方案》（发改能源〔2022〕209号）	对储能电池发展方向、研究重点、示范试点等多方提出要求和目标
2022年1月	国家发展改革委、国家能源局	《关于加快建设全国统一电力市场体系的指导意见》（发改体改〔2022〕118号）	进一步深化电力体制改革、加快建设全国统一电力市场体系，推进适应能源结构转型的电力市场机制建设，加快形成统一开放、竞争有序、安全高效、治理完善的电力市场体系
2022年1月	国家发展改革委、国家能源局	《关于完善能源绿色低碳转型体制机制和政策措施的意见》（发改能源〔2022〕206号）	支持用户侧储能、电动汽车充电设施、分布式发电等用户侧可调节资源，以及负荷聚合商、虚拟电厂运营商、综合能源服务商等参与电力市场交易和系统运行调节。支持储能和负荷聚合商等新兴市场主体独立参与电力交易。完善支持储能应用的电价政策。发挥太阳能热发电的调节作用，开展废弃矿井改造储能等新型储能项目研究示范，逐步扩大新型储能应用
2022年1月	国家发展改革委、国家能源局	《"十四五"现代能源体系规划》（发改能源〔2022〕210号）	大力推进电源侧储能，优化布局电网侧储能，积极支持用户侧储能多元化发展
2022年3月	国家能源局	《2022年能源工作指导意见》（国能发〔2022〕17号）	落实"十四五"新型储能发展实施方案，跟踪评估首批科技创新（储能）试点示范项目，围绕不同技术、应用场景和重点区域实施试点示范，研究建立大型风电光伏基地配套储能建设运行机制。健全分时电价、峰谷电价，支持用户侧储能多元化发展，充分挖掘需求侧潜力，引导电力用户参与虚拟电厂、移峰填谷、需求响应。优化完善电网主网架，在关键节点布局电网侧储能，提升省间电力互补互济水平
2023年1月	工业和信息化部、教育部、科学技术部、中国人民银行、中国银行保险监督管理委员会、国家能源局	《关于推动能源电子产业发展的指导意见》（工信部联电子〔2022〕181号）	引导太阳能光伏、储能技术及产品各环节均衡发展，避免产能过剩、恶性竞争。促进"光储端信"深度融合和创新应用

续表

发布时间	发布单位	政策名称	重点内容
2023 年 9 月	国家发展改革委、国家能源局	《关于加强新形势下电力系统稳定工作的指导意见》（发改能源〔2023〕1294号）	科学安排储能建设。按需科学规划与配置储能。根据电力系统需求，统筹各类调节资源建设，因地制宜推动各类储能科学配置，形成多时间尺度、多应用场景的电力调节与稳定控制能力，改善新能源出力特性优化负荷曲线，支撑高比例新能源外送。积极推进新型储能建设。充分发挥电化学储能、压缩空气储能、飞轮储能、氢储能、热（冷）储能等各类新型储能的优势，结合应用场景构建储能多元融合发展模式，提升安全保障水平和综合效率
2024 年 1 月	工业和信息化部、教育部、科学技术部、交通运输部、文化和旅游部、国务院国有资产监督管理委员会、中国科学院	《关于推动未来产业创新发展的实施意见》（工信部联科〔2024〕12 号）	未来能源。聚焦核能、核聚变、氢能、生物质能等重点领域，打造"采集-存储运输-应用"全链条的未来能源装备体系。研发新型晶硅太阳能电池、薄膜太阳能电池等高效太阳能电池及相关电子专用设备，加快发展新型储能，推动能源电子产业融合升级

表 2-2   省级层面储能发展规划政策

发布时间	发布地区	政策名称	重点内容
2021 年 1 月	湖南	《湖南省先进储能材料及动力电池产业链三年行动计划（2021—2023 年）》（湘制造强省办〔2020〕8 号）	到 2023 年，建成"一核"（中国锂电谷，包括湘江新区国家级储能产业聚集区、先进电池产业园及总部中心、国家新材料区域检测中心），形成"多点"（以株洲北汽为依托的动力电池制造基地，以湘潭经开区、常德经开区、娄底经开区、益阳高新区等为中心的产业配套基地，以永州、郴州等地工业园区为代表的沿海储能材料产业承接基地及企业技术嫁接、研发中心）
2021 年 6 月	安徽	《关于推动储能电池材料产业高质量发展的指导意见（征求意见稿）》	到 2025 年，储能电池材料产业总产值达到1000 亿元以上；建成 1 个"五百亿级"、2 至3 个"百亿级"储能电池材料优势产业集群
2021 年 7 月	安徽	《安徽省电力供应保障三年行动方案（2022—2024）》（皖政办秘〔2021〕69号）	结合全省集中式新能源项目布局，积极推动全省电化学储能建设，鼓励电网侧储能项目建设，提高系统调节能力
2022 年 4 月	河北	《河北省"十四五"新型储能发展规划》（冀发改能源〔2022〕481 号）	在电源、电网、用户等环节广泛应用新型储能，增强"源网荷储"配套能力和安全监管能力，推动"新能源+储能"深度融合，实现一体规划、同步建设、联合运行，增强电网和终端储能调节能力。到 2025 年全省布局建设新型储能规模 400 万 kW 以上

续表

发布时间	发布地区	政策名称	重点内容
2022 年 4 月	北京	《北京市"十四五"时期能源发展规划》（京政发〔2022〕10号）	加快环京调峰电源点建设，推动燃机深度调峰改造，推动新型储能项目建设。到2025年，本市形成千万千瓦级的应急备用和调峰能力，电力应急资源配置能力大幅提升，进一步提高新能源消纳水平
2022 年 5 月	湖北	《湖北省能源发展"十四五"规划》（鄂政发〔2022〕13号）	推动储能技术应用，建设一批集中式储能电站，引导电源侧、电网侧和用户侧储能建设，鼓励社会资本投资储能设施
2022 年 5 月	浙江	《浙江省能源发展"十四五"规划》（浙政办发〔2022〕29号）	到2025年，新型储能装机规模超过100万kW
2022 年 5 月	湖南	《湖南省强化"三力"支撑规划（2022—2025年）》（湘政办发〔2022〕27号）	加快抽水蓄能电站建设，研究探索常规水电站梯级融合改造、增建混合式抽水蓄能，积极发展电化学储能
2022 年 6 月	浙江	《关于支持碳达峰碳中和工作的实施意见》（浙财资环〔2022〕37号）	鼓励有条件地区因地制宜发展电化学储能等新型储能和天然气分布式发展，加快形成以储能和调峰能力为基础支撑的电力发展机制
2022 年 8 月	安徽	《安徽省新型储能发展规划（2022—2025年）》（皖能源新能〔2022〕60号）	新型储能累计装机规模发展目标：2022年，达到800MW；2023年，达到1.5GW；2024年，达到2.1GW；2025年，达到3GW
2022 年 10 月	北京	《北京市碳达峰实施方案》（京政发〔2022〕31号）	深化与河北、内蒙古、山西可再生能源电力开发利用方面合作，大力推动绿电进京输送通道和调峰储能设施建设，建设新型电力系统
2022 年 12 月	内蒙古	《关于印发自治区支持新型储能发展若干政策（2022—2025年）的通知》（内政办发〔2022〕88号）	自治区出台若干项支持新型储能发展的措施，为统筹新型储能发展各项工作，加快开展新型储能试点示范项目建设，推动全区新型储能市场化、产业化、规模化发展
2022 年 12 月	上海	《上海市工业领域碳达峰实施方案》（沪经信第〔2022〕919号）	积极发展"源网荷储"和多能互补，引导企业、园区加快分布式光伏、多元储能、高效热泵、余热余压利用、智慧能源管控等一体化系统开发运行，推广以分布式新能源加储能为主体的绿色微电网建设，发展多能高效互补利用运行系统。积极探索应用新型储能技术，推动新型储能在可再生能源消纳、电网调峰等场景应用示范

续表

发布时间	发布地区	政策名称	重点内容
2023 年 1 月	辽宁	《辽宁省发展改革委 2023 年生态环境保护工作措施》	加快推进清洁能源强省建设，推进风电、光伏重点项目建设，研究编制全省海上风电建设方案；加快抽水蓄能、新型储能建设
2023 年 2 月	宁夏	《宁夏"十四五"新型储能发展实施方案》[宁发改能源（发展）〔2023〕116 号]	到 2025 年，实现新型储能从商业化初期向规模化发展转变，逐步培育完善市场环境和商业模式，具备大规模商业化应用条件。新型储能技术创新能力明显提高，在源、网、荷侧应用场景建设一批多元化新型储能项目，力争新型储能装机规模达到 500 万 kW 以上
2023 年 2 月	江苏	《关于推动战略性新兴产业融合集群发展实施方案的通知》（苏政办发〔2023〕8 号）	推动新型储能技术成本持续下降和规模化应用，加快压缩空气、液流电池等长时储能技术商业化进程，支持飞轮储能、化学储能等新一代储能装备的研发和规模化试验示范
2023 年 3 月	山东	《山东省能源绿色低碳高质量发展 2023 年重点工作任务》（鲁能源规划〔2023〕29 号）	加快推动大型海陆风光基地建设。到 2023 年底，可再生能源装机规模达到 7500 万 kW 以上。强化重要领域科技创新。聚焦新型电力系统、新型储能、氢能等重点领域，加快推动新技术、新产品、新装备示范应用
2023 年 3 月	山西	《山西省光伏产业链 2023 年行动方案》（晋能源新能源发〔2023〕68 号）	围绕光伏产业链"建链、延链、补链、强链"的整体部署，通过政策引导、产业支持、招商引资等方式，强化龙头带动，引进配套企业，打造大中小微企业优势互补、协调发展的业态发展新格局
2023 年 3 月	广东	《关于加快推动新型储能产品高质量发展的若干措施》（粤制造强省〔2023〕24 号）	明确新型储能产业链各环节主要发展方向，强化现有优势，培育新兴产业，布局未来方向，突出发展元器件、装备、系统、综合利用等关键环节
2023 年 3 月	湖南	《湖南省 2023 年国民经济和社会发展计划》（湘政发〔2023〕4 号）	开工建设一批风电和光伏发电项目。积极稳妥推进"双碳"，完善"1+1+N"政策体系，有序实施"碳达峰十大行动"，加快重点行业企业节能降碳改造，坚决遏制"两高"项目盲目发展。加强大容量电化学储能、大容量风电和先进输配电等绿色低碳关键核心技术攻关
2023 年 4 月	河北	《关于印发加快河北省战略性新兴产业融合集群发展行动方案（2023—2027 年）的通知》（冀政办字〔2023〕52 号）	发展储能技术及装备等产业链条，加快推动新能源与智能电网装备产业向价值链高端提升，聚焦钒钛延伸加工、钒钛基材装备制造等领域，突破全钒液流储能电池等一批关键核心技术

续表

发布时间	发布地区	政策名称	重点内容
2023年4月	江苏	《关于进一步做好光伏发电市场化并网项目配套调峰能力建设有关工作的通知》（苏发改能源发〔2023〕404号）	为确保电网整体安全稳定运行，充分发挥新型储能作用，新增纳入实施库的光伏发电市场化并网项目，均应采取自建、合建或购买新型储能（包括电化学、压缩空气、重力储能）等方式落实市场化并网条件
2023年6月	河南	《加快新型储能发展的实施意见》（豫政办〔2023〕25号）	到2025年，全省新能源项目配套储能规模达到470万kW以上，用户侧储能规模达到30万kW以上；新型储能规模达到500万kW以上，力争达到600万kW
2023年7月	湖北	《关于加快推动新型储能产业高质量发展的指导意见（征求意见稿）》	到2025年，新型储能电站装机规模达到300万kW，全省新型储能产业营业收入达到4000亿元以上，支持源侧电站转独立储能电站，鼓励用户侧储能，明确新型储能市场主体地位，加快落实参与电力市场各项政策
2023年7月	江苏	《江苏省沿海地区新型储能项目发展实施方案（2023—2027年）》（苏发改能源发〔2023〕774号）	到2027年，沿海地区新型储项目累计投运规模力争达到350万kW左右。确保沿海地区海上风电和海上光伏两个千万千瓦级基地并网消纳。开展19个项目规划布局，盐城10个共181万kW，南通6个共108万kW，连云港3个共60万kW，推进新型储能科学布局
2023年9月	重庆	《深入推进新时代新征程新重庆制造业高质量发展行动方案（2023—2027年）》（渝委办发〔2023〕13号）	新能源及新型储能。大力推动电化学储能技术产品的发展与应用，积极争取在机械储能、储热（蓄冷）等技术产品领域取得突破，做大储能产业规模
2024年1月	河南	《河南省重大技术装备攻坚方案（2023—2025年）》（豫政〔2023〕42号）	推动先进储能技术攻关，加快突破清洁低碳、安全高效的新型储能装备。夯实锂离子电池电解液、锰酸锂材料、三元系材料、磷酸铁锂材料等优势，创新发展长寿命高效锂离子电池，攻坚高性能钠离子电池，大容量锂离子电池、钠离子电池储能系统。发展储能变流器、电池管理、储能调控装备和稳定可靠的风光储能电源。开展电堆、电解液、电极材料、系统集成等技术攻坚，突破发展百兆瓦级及以上全钒液流储能系统。做优动力电池，做强退役动力电池储能梯级利用装备，突破发展储能电池及系统在线检测、状态预测和预警技术及装备
2024年1月	江苏	《关于支持常州新能源产业高质量发展的意见》	支持常州高质量推进太阳能光伏、动力及储能电池、新型电力装备以及新能源汽车等产业链创新升级，打造"新能源之都"城市名片，目标到2025年，常州新能源领域产值规模力争超万亿元。支持常州开展储能项目试点示范，发展新型储能产业，推动液流电池、固态电池等新型储能关键技术突破，推动高功率密度电池产业化

续表

发布时间	发布地区	政策名称	重点内容
2024 年 1 月	吉林	《关于促进吉林省新能源产业加快发展的若干措施》(吉政办发〔2024〕1 号)	推动新型储能规模化发展。培育和集聚新型储能标杆企业，布局储能示范及产业化项目，推动新能源+储能产业发展。探索午间谷电，拉大峰谷价差，支持用户侧储能发展

相较于国外，我国储能电池行业起步较晚，但发展迅速。政府部门于 2009 年开始重点关注储能产业发展，国家发展改革委、科学技术部、工业和信息化部等部委为储能产业设立了专项基金。此后，随着国外先进储能材料技术和高性能电池技术投资热潮的出现，我国新能源产业市场需求的不断扩张，储能电池行业迅速发展，未来储能在我国能源体系建设中的关键地位将越发凸显。

2.3.2　价格补偿政策

随着我国新能源产业的快速发展，储能技术作为支撑新能源并网消纳、提升电网灵活性的重要手段，正逐渐受到重视。然而，储能技术的商业化应用仍面临着成本高、投资回报周期长等问题。为了促进储能技术的推广和应用，我国政府出台了一系列补贴政策，见表 2-3、表 2-4。

表 2-3　　　　　　　　　　国家层面储能价格补偿政策

发布时间	发布单位	政策名称	重要内容
2017 年 11 月	国家能源局	《完善电力辅助服务补偿（市场）机制工作方案》(国能发监管〔2017〕67 号)	提出鼓励采用竞争方式确定电力辅助服务承担机组，按需扩大电力辅助服务提供主体，鼓励储能设备、需求侧资源参与提供电力辅助服务，允许第三方参与提供电力辅助服务，确立在 2019—2020 年，配合现货交易试点，开展电力辅助服务市场建设
2018 年 6 月	国家发展改革委	《关于创新和完善促进绿色发展价格机制的意见》(发改价格〔2018〕943 号)	完善峰谷电价形成机制，加大峰谷电价实施力度，运用价格信号引导电力削峰填谷；利用峰谷电价差、辅助服务补偿等市场化机制，促进储能发展
2021 年 5 月	国家发展改革委	《关于进一步完善抽水蓄能价格形成机制的意见》(发改价格〔2021〕633 号)	坚持以两部制电价政策为主体，进一步完善抽水蓄能价格形成机制，以竞争性方式形成电量电价，将容量电价纳入输配电价回收，同时强化与电力市场建设发展的衔接，逐步推动抽水蓄能电站进入市场
2022 年 5 月	国家发展改革委、国家能源局	《关于促进新时代新能源高质量发展的实施方案》(国办函〔2022〕39 号)	提出完善调峰调频电源补偿机制，加大煤电机组灵活性改造、水电扩机、抽水蓄能和太阳能热发电项目建设力度，推动新型储能快速发展，研究储能成本回收机制

表 2-4 省级层面储能价格补偿政策

发布时间	发布地区	政策名称	重点内容
2022 年 11 月	湖南（长沙）	《关于支持先进储能材料产业做大做强的实施意见》（长政办发〔2022〕50号）	根据营业收入情况，对符合条件的规模以上先进储能材料企业，按上年度用电增量每千瓦时给予 0.15 元奖励，单个企业年度奖励额度不超过 1000 万元。对新引进且完成固定资产投资 1 亿元（含）以上的先进储能材料企业按自投产之日起满一年实际用电量的 30% 进行计算，每千瓦时给予 0.15 元奖励。单个企业年度奖励额度不超过 1000 万元
2023 年 1 月	浙江（余姚）	《关于推动产业高质量发展的若干政策意见》（余政发〔2023〕14 号）	鼓励高质量储能示范项目削峰填谷。对已建成投运的工业企业用户侧储能示范项目，年利用小时数不低于 600 小时的，分档给予一次性补助。对设备功率在 400kW 及以上的（每个企业设备可多台合并计），按照功率 0.15 元/W 补助，单个项目最高不超过 15 万元；对功率 20000kW 及以上的，给予一次性 50 万元的补助
2023 年 1 月	重庆	《重庆两江新区支持新型储能发展专项政策》（渝两江管发〔2023〕4 号）	支持新型储能"削峰填谷"。对在新区备案的用户侧储能项目，根据项目实施前后用户企业用电尖峰负荷实际削减量给予补助，补助标准为：尖峰负荷削减量×10 元/kW/次×重庆市全年电力需求侧响应次数，尖峰负荷削减量最大不超过储能装机容量。鼓励新型储能应用示范。对在新区备案且建成投运的用户侧储能、分布式光储、充换储一体化等项目，储能配置时长不低于 2 小时的，按照储能设施装机规模给予 200 元/kWh 的补助，对单个项目的补助最高不超过 500 万元。对在新区备案、建成投运且参与电网调度的独立储能项目，按"一事一议"给予扶持
2023 年 2 月	贵州（贵阳）	《贵安新区动力电池产业财政补贴管理办法（试行）（征求意见稿）》	按照实现销售的动力电池 0.1 元/Wh 给予补贴。补贴受益对象为动力电池生产企业的客户，由生产企业在销售动力电池时按照扣减补贴后的价格与客户进行结算。补贴的总销量上限为 13GWh
2023 年 3 月	天津	《天津滨海高新区促进新能源产业高质量发展办法实施细则（暂行）》（津高新管发〔2023〕7 号）	对在高新区实际投运的储能项目，按照实际放电量给予项目投资方资金补贴，补贴时间不超过 24 个月，补贴标准为 0.5 元/kWh，单个项目每年补贴不超过 100 万元
2023 年 4 月	云南	《2023 年云南省电力需求响应方案》（云能源运行〔2023〕126 号）	实时型响应补贴：实时响应补贴标准执行全年统一价格 2.5 元/kWh。邀约型响应补贴：削峰类响应补贴标准的上下限分别为 5 元/kWh、0 元/kWh；填谷类响应补贴标准的上下限起步阶段分别暂定为 1 元/kWh、0 元/kWh

续表

发布时间	发布地区	政策名称	重点内容
2023 年 6 月	广东	《省级促进经济高质量发展专项资金（支持新型储能产业发展）管理实施细则（征求意见稿）》	原则上采用事后奖励形式，对符合申报条件的项目在规定时间内投入的产业化费用（仅限于设备购置费、配套软件购置费、设备软件安装调试费、研发材料购置费、自研设备外协加工费、工程样品测试费，不含税），按照不超过 30%的比例予以支持，奖补资金最高不超过 1000 万元
2023 年 6 月	江苏	《关于加快推动我省新型储能项目高质量发展的若干措施》（苏发改能源发〔2023〕775 号）	适当进行扶持补贴。结合我省近年电网供需平衡需要，与电力调度机构签订并网调度协议的独立新型储能项目，在 2023 年至 2026 年 1 月的迎峰度夏（冬）期间（1 月、7—8 月、12 月），依据其放电上网电量给予补贴，补贴标准逐年退坡，具体为：2023 年至 2024 年 0.3 元/kWh，2025 年至 2026 年 1 月 0.25 元/kWh。补贴资金从尖峰电价增收资金中列支，由省电力公司根据有关计量、结算等规定支付
2023 年 6 月	河南	《关于加快新型储能发展的实施意见》（豫政办〔2023〕25 号）	支持独立储能项目参与电力辅助服务市场。独立储能项目参与电力辅助服务市场交易时，按照我省火电机组第一档调峰辅助服务交易价格优先出清，调峰补偿价格报价上限暂定为 0.3 元/kWh。已并网的存量新能源项目按照要求配置储能设施并达到独立储能运行条件要求的，参与辅助服务分摊时给予一定减免。加大财政支持力度。对于新能源项目配建非独立储能和用户侧的非独立储能规模在 1000kWh 以上的储能项目，投入使用并通过核查验收后，省财政在下一年度给予一次性奖励，2023、2024、2025 年奖励标准分别为 140、120、100 元/kWh
2023 年 6 月	四川（成都）	《成都市发展和改革委员会关于申报 2023 年污染治理和节能减碳领域（储能专项）市预算内投资项目的通知》（成发改环资函〔2023〕92 号）	对入选的用户侧、电网侧、电源侧、虚拟电厂储能项目，年利用小时数不低于 600 小时的，按照储能设施规模给予每千瓦每年 230 元且单个项目最高不超过 100 万元的市预算内资金补助，补助周期为连续 3 年
2023 年 8 月	安徽（合肥）	《关于开展 2022 年度合肥市进一步促进光伏产业高质量发展若干政策支持分布式应用项目补充申报的通知》	对装机容量 1MWh 及以上的新型储能电站，自投运次月起按放电量给予投资主体不超过 0.3 元/kWh 补贴，连续补贴不超过 2 年，同一企业累计最高不超过 300 万元

续表

发布时间	发布地区	政策名称	重点内容
2023 年 9 月	广西	《自治区工业和信息化厅自治区财政厅关于组织申报工业提速增效攻坚行动政策支持资金的通知》（桂工信源合〔2023〕654 号）	采购区内规模以上工业企业生产的产成品（或工业原料），产值增速或销售额达到一定标准的全区产值前 500 家规模以上工业企业、先进钢铁材料企业及风电、光伏、储能等新能源企业可以申报，其中风电、光伏、储能等新能源企业：2023 年 9—12 月企业月度产值环比 4—8 月有效月均值增长 10%以上，且增量超过 1000 万元。2023 年 9—12 月，对符合申报条件的企业，按当月采购开票额环比 4—8 月月均采购开票额增量部分不超过 2%的比例给予奖励，每家企业最高不超过 200 万元
2023 年 9 月	内蒙古（包头）	《包头市支持"专精特新"中小企业培育引进加快发展的若干措施》	支持产业链关键技术攻关和技术研发。聚焦打造"世界稀土之都"和"世界绿色硅都"及发展壮大陆上风电装备、先进金属材料、碳纤维及高分子新材料、新能源重卡及配套、氢能储能等战新产业集群领域，围绕产业补链延链强链，鼓励"专精特新"中小企业加大研发投入，开展产业"卡脖子"和关键技术攻关，对在关键领域、核心技术、产业瓶颈上取得重大突破，具有重大经济社会效益的个人或团队，经评审认定，给予 100～2000 万元资金支持。对经国家和自治区有关部门认定为国内、自治区内首台套、首批次产品的生产企业，按照相关政策给予奖励
2023 年 11 月	西北	《西北区域电力并网运行管理实施细则》（西北监能市场〔2023〕95 号）	储能可参与一次调频服务补偿、自动有功控制（AGC）服务补偿、转动惯量补偿、有偿无功服务补偿、自动电压控制（AVC）补偿、黑启动服务补偿、稳控装置切负荷补偿。若各省（区，独立控制区）的并网运行管理考核总费用小于辅助服务补偿总费用，调试运行期的发电机组和独立新型储能，以及退出商业运营但仍然可以发电上网的发电机组（不含煤电应急备用电源）和独立新型储能的辅助服务费用分摊标准原则上应当高于商业运营机组分摊标准，暂按调试运行期或退出商业运营后月度上网电量的 1.2 倍参与发电侧分摊，但不超过当月调试期电费收入的 10%

2023 年，储能进入高速发展期，储能产业突飞猛进，各地利好政策接连出台。补贴作为最振奋人心的、刺激市场的有效手段之一，也成为地方政府争取项目投资、产业落地的重要举措。不同地区根据自身特点，补贴政策的侧重点各有不同，主要围绕储能放电量、充电量、项目投资额、容量补贴、技术创新、企业运营以及参与需求侧响应等方向进行补贴。

2.3.3 市场交易政策

随着能源转型的深入进行，电力市场正成为推动储能行业发展的重要力量。国家和省级政策的密集出台，为储能行业的健康发展提供了强有力的政策支持和市场导向，储能市场交易政策见表2-5、表2-6。

表2-5　　　　　　　　国家层面储能市场交易政策

发布时间	发布单位	政策名称	重要内容
2017年10月	国家发展改革委、国家能源局	《关于开展分布式发电市场化交易试点的通知》（发改能源〔2017〕1901号）	鼓励分布式发电项目安装储能设施，提升供电灵活性和稳定性
2022年3月	中共中央、国务院	《关于加快建设全国统一大市场的意见》	在有效保障能源安全供应的前提下，结合实现"双碳"目标任务，有序推进全国能源市场建设。健全多层次统一电力市场体系，研究推动适时组建全国电力交易中心
2022年5月	国家发展改革委、国家能源局	《关于进一步推动新型储能参与电力市场和调度运用的通知》（发改办运行〔2022〕475号）	进一步明确新型储能市场定位，建立完善相关市场机制、价格机制和运行机制，提升新型储能利用水平，引导行业健康发展，从12个方面对新型储能参与电力市场与调度运营做出规定
2022年12月	国家发展改革委、国家能源局	《关于做好2023年电力中长期合同签订履约工作的通知》（发改运行〔2022〕1861号）	完善绿电价格形成机制。鼓励电力用户与新能源企业签订年度及以上的绿电交易合同，为新能源企业锁定较长周期并且稳定的价格水平。绿色电力交易价格根据绿电供需形成，应在对标当地燃煤市场化均价基础上，进一步体现绿色电力的环境价值，在成交价格中分别明确绿色电力的电能量价格和绿色环境价值。落实绿色电力在交易组织、电网调度、交易结算等环节的优先定位，加强绿电交易与绿证交易衔接
2024年6月	国家能源局	《电力市场注册基本规则》（国能发监管规〔2024〕76号）	明确参与电力市场交易的经营主体为发电企业、售电企业、电力用户和新型经营主体（含储能企业、虚拟电厂、负荷聚合商等）；明确了储能企业、虚拟电厂、负荷聚合商、分布式电源准入等基本条件

表2-6　　　　　　　　省级层面储能市场交易政策

发布时间	发布地区	政策名称	重点内容
2023年4月	广东	《广东省新型储能参与电力市场交易实施方案》（粤能电力〔2023〕23号）	推动储能产业高质量发展，建立健全新型储能参与电力市场机制，加快推动新型储能参与电力市场交易，逐步建立涵盖中长期、现货和辅助服务市场的新型储能交易体系，逐步完善广东省新型储能商业运营模式，建立新型储能价格市场形成机制

续表

发布时间	发布地区	政策名称	重点内容
2023 年 7 月	河南	《河南新型储能参与电力调峰辅助服务市场规则（试行）》（豫监能市场〔2023〕96 号）	对准入要求的储能电站（自并网即纳入市场）、统调并网电厂公用燃煤火电、集中式风电和光伏（不含扶贫项目）、10（6）kV 及以上电压等级并网的分散式风电及分布式光伏（不含扶贫项目），根据市场发展情况，逐步将其他分散式风电和分布式光伏纳入实施范围
2023 年 7 月	新疆	《新疆电力市场独立储能参与中长期交易实施细则（暂行）》	以配建形式存在的新型储能项目，通过技术改造满足同等技术条件和安全标准后，在不影响现有电力系统调节能力情况下，可选择转为独立储能项目参与电力市场
2023 年 8 月	贵州	《贵州省新型储能参与电力市场交易实施方案》（黔能源运行〔2024〕68 号）	明确了贵州省新型储能参与电力市场交易的指导思想，建立新型储能价格市场形成机制，激励储能技术多元化发展应用，加快推进新型储能参与电力市场交易，保障电力安全可靠供应，促进清洁能源消纳，助力储能产业高质量发展
2023 年 11 月	河北	《2024 年河北南部电网独立储能参与电力中长期交易方案》	进一步明确新型储能市场定位，建立完善相关市场机制、价格机制和运行机制，提升新型储能利用水平，全力保障能源电力安全稳定供应
2023 年 11 月	天津	《关于做好天津市 2024 年电力市场化交易工作的通知》（津工信电力〔2023〕23 号）	通知包括天津市独立储能市场交易工作方案，独立储能可分别按照电力用户、发电企业两种市场主体类型参与电力市场交易
2023 年 12 月	四川	《四川省 2024 年省内电力市场交易总体方案》（川经信电力〔2023〕234 号）《2024 年四川省内电力市场交易指引》（川监能市场〔2023〕156 号）	新增新型储能市场主体。满足四川电力市场注册条件的独立储能电站、用户侧储能项目，在四川电力交易中心完成注册后可进入四川电力市场参与交易。新型储能市场交易方案另行明确
2024 年 1 月	山西	《电力规则市场体系（14.0）》（晋能源规〔2024〕1 号）	涉及电力零售市场、现货市场、与现货市场衔接的中长期市场和辅助服务市场等多个电力市场，同时也修订了多处与储能相关的规定
2024 年 1 月	湖北	《湖北源网荷储电力调峰辅助服务市场运营规则》（华中监能市场〔2023〕194 号）	将独立新型储能纳入调峰（填谷）辅助服务提供者范围。鼓励独立新型储能企业参与系统调节，在负荷低谷时段通过充电参与深调（填谷）市场交易获得收益
2024 年 3 月	陕西	《陕西省新型储能参与电力市场交易实施方案》（陕发改运行〔2024〕377 号）	明确新型储能主体类型，按电力市场主体类型分为独立储能、电源侧储能、用户侧储能三类。并就市场准入与注册、参与交易规范等进行了说明

续表

发布时间	发布地区	政策名称	重点内容
2024 年 3 月	云南	《2024 年云南省电力需求响应方案》（云能源运行〔2024〕72 号）	通过引入市场化机制，鼓励电力用户参与削峰填谷，优化电力资源配置，提升电网运行效率。方案中提出的实时型削峰和填谷响应的价格机制，为新型储能设施提供了更多的市场参与机会，激励储能技术创新与应用
2024 年 3 月	浙江	《浙江电力中长期电能量市场交易实施细则（征求意见稿）》	市场为按日运行市场的概念，并规定了市场运营机构的职责和市场主体的申报流程

国家和省级政策的合力，为储能行业注入了强大的市场活力。一方面，国家层面的战略布局和市场机制完善为行业提供了长远的发展方向；另一方面，省级层面的具体实施和地方特色发展则为储能技术的创新和应用提供了丰富的土壤。这些政策的出台，不仅促进了储能行业的市场化进程，也为新能源的有效消纳和电网的稳定运行提供了坚实的支撑。

2.4 储能的应用场景分析

"双碳"目标下，加快构建新型电力系统是必然趋势，也是一项长期的任务。近年来，我国把促进新能源和清洁能源发展放在更加突出的位置，2023年 3 月，我国非化石能源发电装机容量占总装机容量比重，首次超过 50%，储能作为构建新型电力系统的重要支撑，对改善新能源电源的系统友好性、改善负荷需求特性、推动新能源大规模高质量发展起着关键作用。根据 2023年国家电化学储能电站安全监测信息平台发布的《2022 年度电化学储能电站行业统计数据》报告，2022 年电化学储能电站平均运行系数为 0.17、平均利用系数为 0.09，电化学储能电站发展呈现出蓄势待发的态势。从应用层面来看，我国新型储能主要应用场景集中在发电侧、电网侧以及用户侧。受政策以及市场化机制的影响，截至 2022 年年底，我国发电侧、电网侧、用户侧储能累计投运总能量占比分别为 48.4%、38.72%、12.88%，不同应用场景的电化学储能发展差异较大。

2.4.1 发电侧

发电侧储能是指在发电厂包括火电、风电、光伏等发电上网关口建设的电力储能设备。随着波动性、间歇性可再生能源的快速增长，电力系统将需要更大的灵活性以确保可再生能源能够可靠、有效地集成到电力系统中。储能被视为推动可再生能源有效整合的解决方案之一。近两年，国家多项顶层政策均提出大力发展发电侧储能，各省也相继出台了鼓励或强制新能源配建储能的政策，推动了发电侧储能装机规模迅猛增长，成为国内新型储能装机快速增长的主要驱动因素。

发电侧储能的主要功能：一是可快速响应，提高电网调节速率。提高发电机组效率，确保发电的持续性与稳定性，并储存超额的发电量；二是平滑出力波动，跟踪调度计划指令。当大规模可再生能源接入电网时，电源侧储能可以对可再生能源发电平滑调控，并降低对电网的冲击；三是提升新能源消纳能力并联合提供调频辅助服务。发电侧储能也可以提高可再生能源的利用率。由于不同来源的电力对电网的影响不同，发电侧对储能的需求场景类型较多。

（1）新能源配置储能。高比例新能源场景下，风光发电将面临出力预测困难、与电网实时平衡的要求不匹配、局部时段可靠出力不足、合理消纳代价大等方面的挑战。新型储能具有响应快、配置灵活、建设周期短等优势，可在电力运行中发挥顶峰、调峰、调频、爬坡等多种作用，是构建新型电力系统的重要组成部分。新能源配置储能具有平抑新能源输出功率波动、提升新能源消纳量、降低发电计划偏差、提升电网安全运行稳定性、缓解输电阻塞等作用，可以很大程度上解决新能源时空错配问题，将破局电网消纳压力和可再生能源装机瓶颈。

（2）发电侧共享储能。尽管光伏和风电在大部分地区实现了平价上网，但项目经济性还比较差，单个新能源电站单独配置储能进一步恶化光伏、风电项目的经济性，不利于新能源的发展。新能源渗透率较高的地区，在新能源汇集站建设共享储能满足规模化新能源并网需求，可降低储能资源闲置率，分散投资风险，提高储能系统的经济性。发电侧共享储能能够提升新能源场站的灵活性，提高储能利用率，将储能资源的所有权与使用权分离，通过整合闲置储能资源以面向多使用者的不同应用需求，利用调节需求在时间和空间上的互补特性以实现储能资源的共享使用。共享储能这一新业态具有灵活性强、场景多样、分布广泛等优势，可科学整合已有储能资源，提升储能利用率和收益率。此外，共享储能在投资界面上主体更加清晰明确，一方面能够吸引第三方资本的投资建设，另一方面产权与收益的明晰也将降低投资评估的难度。

（3）辅助火电调频。电网频率环境的恶化使其运行安全性和可靠性面临前所未有的挑战。当电网频率发生波动时，调频任务主要由火电、水电等机组承担。将储能与火电机组自动发电控制（automatic generation control，AGC）相结合，可以大大提高机组的调频性能，并在一定程度上延长火电机组的寿命。火电机组与储能联合调频基本原理是在传统火电机组中增加储能设备，火电机组和储能装置分别为响应 AGC 指令的基础单元和补充的快速响应单元，利用储能装置快速调节输出功率的能力，达到改善机组 AGC 响应速度和精度的目的。因此，火电+储能系统联合调频是最有效的方式之一，能够迅速并有效地解决区域电网调频资源不足的问题，改善电网运行的可靠性及安全性，对构建坚强型智能电网并改善电网对可再生能源的接纳能力具有重要意义。

2.4.2　电网侧

电网侧储能是指电力系统中能接受电力调度机构统一调度、响应电网灵活性需求、能发挥全局性、系统性作用的储能资源，这一定义下，储能项目建设位置不受限制，投资建设主体具有多样性。相比发电侧和用户侧储能，电网侧储能布局在电网关键节点，单站规模较大，接入电压等级较高，且具备独立运行条件，因此更适宜参与全局统一调控，更具备系统性、全局性优势。

电网储能服务电力系统运行，以协助电力调度机构向电网提供电力辅助服务、延缓或替代输变电设施升级改造等为主要目的。电网侧储能的主要功能：一是可作为系统备用调峰调频；二是提高电力系统安全稳定调频，改善电能质量，缓解高峰负荷供电压力；三是延缓输配电设备升级扩容。新型储能在电网侧的应用主要是通过辅助服务保障电网稳定运行。

（1）缓解电网阻塞。传输堵塞是指传输业务的需求超过了传输网络的实际传输容量。造成这一现象的根源在于各地区之间的电源与传输容量的不均衡。通常情况下，短时间的堵塞是突发事件的发生或者电力系统的维修导致的。而长时间的堵塞往往具有结构性，其原因在于某一地区的电源结构和输电网络的扩张计划之间的不匹配。在电网侧线路的上游设置储能装置，当线路出现拥堵时，可以将不能传输的电能储存到储能装置中，当线路负载低于其承载能力时，就可以将其释放出去。在公开竞争的电力市场中，若在发电成本较高的一侧安装储能装置，则可以利用储能装置在低谷时充电，在高峰时释放，有效地缓解供电压力。

（2）延迟输、配电设施扩建和更新。为解决因电力网络堵塞而导致的断电等问题，对已有的电力网络进行扩建是目前普遍采用的一种方法。但是，在新建或扩建输电网络时，往往面临着投资大、建设周期长、寿命短等问题。因此，对于电力网络堵塞，单纯依靠扩建、建设新的输配电设施，往往不能有效地解决问题。

在输配系统中，利用储能来增强输配能力，相校于大规模建设输、配电网的传统方式，储能技术具有投资少、建设周期短、对社会环境影响小等优点。

（3）电网调峰调频。电网调峰主要实现对用电负荷的削峰填谷，即在用电负荷低谷时段对储能电池充电，在用电负荷高峰时段将存储的电量释放，从而实现电力生产和消纳之间的平衡。电网调频时电网频率的允许偏差为$\pm 0.2Hz$，偏差过大则易损害各类电器。在电网实际运行中，输出有功功率小于负荷需求有功时，系统频率会下降，反之则会上升。目前电力市场主要依靠火电调频，而新型储能系统调频具备更高的精确性，未来新型储能系统参与电网调频是大趋势。

2.4.3　用户侧

用电侧是电力使用的终端，用户是电力的消费者和使用者，发电及输配电侧的成本及收益主要以电价的形式表现，从而转化成用户的成本，电价的高低会影响用户的需求。峰谷价差的拉大，为用户侧储能大规模发展奠定了基础。在目前的电力市场环境下，峰谷价差所产生的节电效应是用户侧储能发电站的主要收入来源。在未来，随着分布式可再生能源+储能参与电力辅助服务市场机制，以及对需求响应价值进行补偿等政策的进一步完善，用户侧储能电站的收益还可以包含需求响应收益、延缓升级容量费用收益、参与电力辅助服务市场所获取的收益等。

用户侧储能通常是指在不同的用电场景下，根据用户的诉求，以降低用户的用电成本、减少停电限电损失等为目的建设的储能电站。用户侧储能的主要功能：一是减少用能成本，提高分布式电源自发自用率；二是提高供电可靠性和电能质量；三是利用峰谷电价差实施价差盈利策略。用户侧储能应用场景主要如下。

（1）用户自发自用储能。以分布式光伏发电系统为例，在不设置蓄能装置的情况下，居民及工商业用户将白天不能消纳的电能纳入电网中，再由电网补充电能，以满足其夜晚的用电需求，这是居民及工商业用户常用的一种发电模式。如果在光伏系统上配置了储能，居民和工商业用户就可以提高自用程度，直到满足日夜用电需求。"分布式发电+储能"模式的发展，一方面通过提升自用率，延迟或缓解电价上调所致的风险，即当电力需求增加，而供应不足时，电价可能会上涨，通过"分布式发电+储能"模式，用户可以在电价较低时储存电力，然后在电价较高时使用储存的电力，从而减少对高价电力的购买，延迟或缓解电价上涨带来的经济压力。另一方面也是避免"供不应求"造成的损失，即在电力供应不足的情况下，可能会出现停电或限电的情况，这会给用户带来不便和经济损失。比如，对于安装了光伏的居民和工商业用户，考虑到太阳能电池是在白天发电，而用户通常是在午后或夜间用电比较多，因此，通过对储能进行配置，能够更好地利用自发电力，提升自发自用水平，降低用电成本。

（2）峰谷差套利。在 2021 年 7 月，国家发展改革委下发《关于进一步完善分时电价机制的通知》，提出要将电网供需关系相对宽松、边际成本相对较低的时段作为"低谷"，并在此基础上，充分考虑新能源发电量的波动，推动新能源消纳，并结合"净负荷曲线"的变动特征，指导用户调节自己的负荷。公开数据显示，截至 2023 年年底，全国 29 个省份已经陆续发布完善的分时电价政策。从内容上看，主要是完善峰谷时段划分、拉大峰谷价差、建立尖峰电价机制、扩大执行范围、明确市场化用户执行方式等。各省分时电价机制内容大体相同，部分有差异，大部分省份的峰谷价格较平段上下浮动约 50%，部分省份峰谷价差则更大，最大达 4.5:1。峰谷电价政策的推行，不仅可以改善市场的供求关系，还可以拓宽用户侧利用峰谷价差进行套利的空间。在峰谷电价下，工商业用户采用"在低价时储能进行充电，在高价时储能进行放电"的模式，将储能的峰值电量转移到低谷，从而实现峰谷价差套利。

（3）改善电能质量。在通信、精密电子和数据中心等工业领域，人们对电能质量提出了更高的要求。在电力系统中，负载侧的能量存储机制可以保证电力系统在发生短时故障时，仍能维持电力品质的稳定，降低电压波动、频率波动、功率因数波动、谐波干扰、秒级至分钟级的负载变动等对电力系统的不良影响。利用储能改善电能质量所获得的收入，主要受两方面因素影响：一是电能质量不合格事件发生的次数，二是低质量的电力服务对用户造成的经济损失程度。此外，储能设备的配置容量等参数也会对这项收入的多少产生影响。

综上所述，储能技术在新型电力系统中的应用场景不断拓展，随着技术的进步和市场的发展，储能将在未来能源系统中扮演更加重要的角色。

2.5 储能运行优化理论

2.5.1 独立储能研究现状

《国家发展改革委办公厅 国家能源局综合司关于进一步推动新型储能参与电力市场和调度运用的通知》（发改办运行〔2022〕475号）指出，具备独立计量、控制等技术条件，接入调度自动化系统可被电网监控和调度，符合相关标准规范和电力市场运营机构等有关方面要求，具有法人资格的新型储能项目，可转为独立储能，作为独立主体参与电力市场。

现有文献在独立储能参与电力市场交易的市场框架和参与能量市场容量市场的不同市场类型下的清算模型上都有了一定研究。在储能参与的能量市场中，针对市场竞价环节，《Implications of bid structures on the offering strategies of merchant energy storage systems》对比分析了储能参与市场时，仅申报电量、仅申报价格、同时申报电量－价格和提供所有自身技术限制信息四种竞价方式下的可行性，及其对储能的市场收益、市场效益和系统发电成本的影响。针对市场出清环节，《Price and capacity competition in balancing markets with energy storage》在出清模型中考虑了储能容量限制、动态耦合特性的约束，以保证结果可行性。

在储能参与的容量市场中，研究主要考虑通过准确衡量储能资源的贡献，开展市场清算优化。《A novel capacity market model with energy storage》将所有市场主体的报价转换为非强制容量（unforced capacity，UNCP）以消除储能的容量限制对市场投标选择的影响。《新型电力系统标准体系架构设计及需求分析》提出了一种"边际容量信用"的定义，根据各资源可减少预期无法提供的容量的边际能力，充分评估各资源对容量市场的贡献。这种边际信用的建立在一定程度上可以改变系统对储能资源配置的需求，从而激励系统投资于储能。

在储能参与的辅助服务市场中，《Crediting variable renewable energy and energy storage in capacity markets：effects of unit commitment and storage operation》将调频辅助服务市场中的调频指令信号分解为低频信号和高频信号，其中低频信号由火电机组承担，高频信号由储能承担，实现火电机组与储能对调频贡献的分类计量、分别结算。进一步，在多类型市场联合开展情形下，《规模化储能调频辅助服务市场机制及调度策略研究》提出了现货市场和调频辅助服务市场联合下的市场清算模型，考虑了储能在不同市场开展时段下荷电状态（state of charge，SOC）的耦合约束，并分析了储能因参与调频辅助服务市场，而在现货市场中产生的机会成本损失。《包含独立储能的现货电能量与调频辅助服务市场出清协调机制》针对一个独立运营的储能电站，基于日前市场总收益最大，研究了其参与日前市场的优化运行策略，验证其经济性。

2.5.2　独立储能运行优化模块

储能系统软件能够实现对储能系统的全面管理、优化调度和市场参与，为电力系统提供灵活、可靠、经济的能量调节和支持服务，促进清洁能源的大规模应用和智能电网的建设。

（1）监控与管理模块：实时监测储能系统的运行状态、性能指标和环境参数，包括电池状态、充放电功率、电压、温度等，以便及时发现和解决问题，提高系统可靠性和安全性。

（2）数据采集与分析模块：收集、记录和存储储能系统的历史数据，包括负荷数据、能源产出数据、市场价格数据等，以进行数据分析、趋势预测和性能评估，为优化调度和决策提供依据。

（3）优化调度与控制模块：根据系统需求和运行目标，制定合理的充放电调度策略和控制算法，实现储能系统的优化运行和能量管理，最大化系统效率、收益和可靠性。

（4）市场参与与交易模块：实现储能系统对能源市场、容量市场、频率调节市场等的参与和交易，包括竞标、报价、交易执行等功能，以最大化系统的经济效益和市场竞争力。

（5）故障诊断与维护模块：实现故障诊断和预警功能，及时发现并定位系统故障和异常，提供相应的维修建议和维护计划，以确保系统的稳定运行和可靠性。

（6）用户界面与报告模块：提供用户友好的界面和报告功能，显示系统的实时状态、历史数据、优化结果等信息，方便用户监控和管理储能系统的运行情况和性能表现。

（7）安全性和隐私保护模块：设计安全可靠的系统架构和数据传输机制，确保储能系统的运行数据和用户信息的安全性及隐私保护，避免数据泄露和恶意攻击。

2.5.3　储能集群研究现状

储能集群是指将多个储能系统（通常包括电池储能系统、抽水蓄能等）组合在一起，形成一个整体化的能量储存和管理系统。这些储能系统通过互相连接和协调，以满足电力系统对能量调度、平衡和稳定性的需求。

目前，已有文献对由两种及以上类型的储能组成的储能集群系统进行了研究。《电力市场环境下独立储能电站的运行策略研究》《Multi-objective genetic algorithm based sizing optimization of a stand-alone wind/PV power supply system with enhanced battery/supercapacitor hybrid energy storage》分别采用了离散傅里叶变换（Discrete Fourier Transform，DFT）、小波包分解（Wavelet Packet Decomposition，WPD）的方法，对安装在风电场侧的电池—超级电容储能集群系统进行功率分配，以 10min 为周期对风电出力进行平滑，大大提高了超短期风电可调度性。《Hybrid Energy Storage System （HESS） optimization enabling very short-term wind power generation scheduling based on output feature extraction》《用于能量调度的风-储混合系统运行策略及容量优化》均采用经验模态分解技术（Empirical Mode Decomposition，EMD）对储能集群进行功率分配。《用于能量调度的风-储混合系统运行策略及容量优化》基于 EMD 方法分配超级电容器和电池的充放电功率，考虑储能投资建设成本，以最小化储能集群系统的综合成本为目标进行优化配置。《用于能量调度的风-储混合系统运行策略及容量优化》采用 EMD 方法分配全钒液流电池和先进绝热压缩空气储能的功率，并基于此提出了提高风电可调度性的储能优化配置模型。《考虑大规模风电接入的电力系统混合储能容量优化配置》提出了用以平抑风电波动的绝热压缩空气储能——飞轮储能的储能集群系统优化运行策略，以稳定风电功率波动，提高了风电并网率。《A preliminary dynamic behaviors analysis of a hybrid energy storage system based on adiabatic compressed air energy storage and fly wheel energy storage system for wind power application》提出了储能集群系统在电力市场环境下的多时间尺度经济调度策略，将多个储能按其技术特性应用于不同时间尺度的调度，从而减少了储能频繁充放电的损耗，提高了运行经济性。《A multi-timescale operation model for hybrid energy storage system in electricity markets》。提出了由氢储、压缩空气储能构成的储能集群系统，构建了以最小化污染物排放为目标的储能集群系统的优化配置模型。《Comprehensive assessment and multi-objective optimization of a green concept based on a combination of hydrogen and compressed air energy storage（CAES）systems》等对风—光—储微电网中氢—电池储能集群系统开展了研究，并均提出了储能集群系统运行控制策略。《Review of optimal methods and algorithms for sizing energy storage systems to achieve decarbonization in microgrid applications》对考虑碳排放的微网中储能集群系统配置的研究进行了汇总，强调未来微电网建设储能系统应以提高电力系统可靠性和碳减排为目标，并总结了现有储能与满足未来微电网大规模并网所需的储能之间的差距。

2.5.4 储能集群运行优化模块

储能集群运行优化主要功能模块包括通信模块、数据采集与处理模块、环境监控系统模块、系统控制模块、故障处理模块、界面展示模块、输入输出信号监控模块。

（1）通信模块。储能能量管理系统通信接口丰富，目前所使用的工业通信接口大部分能够兼容，通信软件开发较为便利，大大缩短了开发周期，并且保证了可靠性。

（2）数据采集与处理模块。储能能量管理系统实时采集空调、温度湿度传感器等环境信号，根据预先设置的控制参数对空调、排风风扇、冷却风扇等进行控制，以保持系统运行在适当的工作温度和湿度中。该系统实时采集储能相关变压器电压、电流、频率等信号进行监控，且实时监控开关柜反馈信号、消防信号、门禁信号等。

（3）环境监控系统模块。包括空调系统和各种温度湿度传感器信息采集，控制空调、柜体散热风扇、集装箱散热系统等工作。

（4）系统控制模块。该系统集成了储能削峰填谷的控制策略，当储能系统作为电源独立运行时，可以实现经济运行。并且该系统可以接收上级调度系统的调度指令，配合储能能量管理系统进行调峰调频控制。

（5）故障处理模块。可编程序控制器在实时监控各项数据的同时，也在进行各种判断，例如温度。当环境温度超过某设定值时，系统发出报警。若出现严重的温度故障，则系统会发出停机指令，对系统进行保护。系统会自动记录，并上传至储能能量管理系统进行存储。

（6）界面展示模块。该模块主要完成人机交互功能，较全面地展示各设备的系统信息、状态等。也可进行手动控制操作。

（7）输入输出信号监控模块。该模块主要负责集装箱内各设备重要信号监控，负责实时上传状态数据，以便后台进行判断并控制。

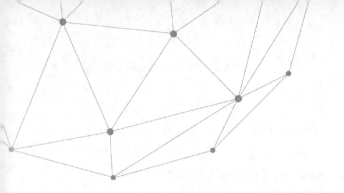

多类型储能参与电力辅助
服务的综合边际成本模型

3.1 成本量化方法概述

3.1.1 全生命周期成本法概述

国际电工委员会制定的 IEC 60300-3-3 标准指出，全生命周期成本是指在整个系统的寿命周期内，设计、研制、投资、购置、运行、维护、回收等过程中发生的或可能发生的一切直接的、间接的、派生的或非派生的费用的总和。

全生命周期成本源于 20 世纪 60 年代美国国防部对军工产品的成本计算。随着价值工程、成本企划等先进管理模式的诞生，全生命周期成本法在成本管理中的应用越来越多。20 世纪，我国逐步引入全生命周期成本理论，目前已形成较成熟的理论体系，并被广泛应用于航空、电信、医疗、制造业、建筑业等多个领域。全生命周期成本理论在电力行业的应用相对其他领域较晚，在电力系统中，它可以满足发电主体报价决策、电站投建、系统调度、经济性分析等的需要。随着储能技术的逐步运用，一些专家学者开始在电化学储能系统或电站中运用全生命周期成本理论。

按照著名经济学家奥利弗·布兰查德的成本细分结构方法，全生命周期成本法的关键就是确定生命周期和成本分类，可以按以下步骤分析：

（1）从生产特点出发，确定基本成本分类；

（2）细分基本的成本分类；

（3）定义和量化成本组成要素；

（4）估计生产体系的经济寿命；

（5）加总成本。

在电力行业中，全生命从不同角度出发有不同的理解和诠释。针对电能量而言，可以效仿企业生产过程，将其看作一种特殊的产品，那么其生命周期就可以按照生产前、生产中、生产后三个阶段进行划分。对发电主体而言，主要需要考虑电力生产过程中的生产材料、人工、损耗等费用以及输配电过程中产生的费用；对调度机构而言，不仅需要关注各机组发电过程中的成本，还要关注在输配电过程中产生的额外费用，制定合理政策，实现消费者和发电企业之间成本的合理分摊；对于储能电站来说，更多地需要从资金的时间价值角度分析资产的生命周期成本，不仅要考虑不同时期成本的构成和周期的跨度，还要考虑折现。决策者首先要确定所有的未来成本和效益，并通过折现方法将其还原为现值，这样才能评价投资项目的经济价值，所以，在全生命周期成本法下应确定周期成本、周期跨度和贴现率。其全生命周期成本主要包括初始投资成本、运行维护成本和处置成本。在此基础上考虑电站性能，结合总处理电量等其他因素，进而对储能电站整体经济性进行评估。

全生命周期成本理论是目前储能成本研究的主要框架，以提升资产的长期经济效益为目标，对企业的长期发展、资源利用收益提升有重要意义。短期总成本函数可以从不同角度进行诠释，目前大多从传统的全生命周期的购置、运维、生产、折旧等阶段角度出发，结合储能机组运行特点对储能成本进行计算，也有学者在传统模式的基础上从成本内涵、不确定性等角度对全生命周期成本的计算进行探讨与创新。在全生命周期成本计算的基础上，专家学者们进一步提出使用平准化度电成本（levelized cost of energy，LCOE）衡量储能电站运行的经济性。在电化学储能、抽水蓄能、海上风电场等机组 LCOE 计算的基础上，可以更好地针对其经济性进行分析，还可以结合 LCOE 进一步对新能源上网电价、峰谷价差对储能经济性影响及财务风险等方面展开研究。也有学者在全生命周期成本的基础上提出能量成本、边际成本等方法，对储能机组的经济性进行评估。

但全生命周期成本法也有一定的局限性，其作为较成熟的成本计算工具，在为决策提供参考时，难以规避企业家风险，先进的技术可能兼具成本高的缺陷和强竞争力的优势，单纯的成本角度无法为类似的决策提供更好的参考性。进一步而言，全生命周期成本只能反映成本情况，无法衡量盈利，因此在决策过程中还需要考虑包含成本在内的多项因素。

3.1.2　边际成本量化方法概述

在经济学和金融学中，边际成本指的是每一单位新增生产的产品（或者购买的产品）带来的总成本的增量。而在电力系统中，边际成本的概念是着眼于未来，其定义为在系统优化规划及优化运行的基础上，增加单位电能供应，而使系统增加的成本。

19世纪末至20世纪初，奥地利经济学派的代表人物弗里德里希·冯·维塞尔（Friedrich von Wieser）提出了边际效用概念，并通过边际效用、边际成本和边际效益之间的比较来解释经济行为。后来，边际成本被广泛研究，并在制造业、金融、经济等多个领域进行应用。在电力行业中，边际成本定价法就是边际成本理论的重要应用，边际成本定价法也叫边际贡献定价法，该方法以变动成本为定价基础，只要定价高于变动成本，企业就可以获得边际收益（边际贡献），用以抵补固定成本，剩余即为盈利。以边际成本为基础的电价，其本质就是解决发展问题，为系统扩建筹集资金。同时电价给用户一个选择，用户根据增加电能消费得到的收益与增加的电费支出，决定是否增加电能消费，从而实现了负荷管理的功能。

电力行业依据边际成本形成的电价有长期电价和短期电价两种，分别对应长期边际成本和短期边际成本。

长期来看，电力工业为满足不断增长的负荷需要而付出的真正成本为长期边际成本。计算长期边际成本需要借助各种投资决策模型，求出不同负荷水平下的最优投资方案及相应的总费用，然后用总费用增量与负荷增量的比值作为长期边际成本的近似。长期边际成本有边际容量成本、边际电能成本和边际用户成本3个组成部分。

短期边际成本定价是在不考虑系统新增固定投资的前提下，依据现有资源运行优化后所产生的边际成本制定电价，实时电价就是短期边际成本电价的代表。由于电力市场的交易物品类多样化，许多企业选择将电能生产与服务进行分解，参与多个市场的竞争，如：储能电站可以同时参与电能量与辅助服务市场等，故而辅助服务产生的电价也可以认为是实时电价的一部分。

边际成本可以通过边际分析法进行计算。经济学中把研究一种可变因素的数量变动对其他可变因素的变动产生多大影响的方法，称为边际分析方法。对于离散情形，边际值为因变量变化量与自变量变化量的比值；对于连续情形，边际值为因变量关于某自变量的导数值。结合边际分析法，在电力系统中，针对发电机组而言，其边际成本应当由单位固定成本与变动成本对出力电量的偏导两部分组成。在储能电站的边际成本量化过程中，需要特别关注边际成本的动态变化。例如，当储能电站增加输出功率以满足电力系统高峰需求时，可能会带来额外的燃料消耗和设备磨损，从而增加边际成本。

目前专家学者们主要从储能的度电成本角度出发，分析储能参与辅助服务市场的可行性。研究发现，储能在电力辅助服务市场中具有良好的运行情况与经济性，并且从平准化度电成本角度来看，可再生能源储能对燃煤电厂而言具有很强的成本竞争性。储能参与辅助服务市场的决策优化研究，及考虑储能参与的辅助服务市场机制研究也备受关注。储能参与电力辅助服务市场及储能协同参与电能量与辅助服务市场，都可以通过各类模型、算法形成有效的优化策略集；基于储能的平准化度电成本，可以通过相应电力辅助服务市场的定价机制、市场框架等的设计，实现增加储能收益、保障新型电力系统安全稳定运行等目标。

与度电成本相比，边际成本具有敏感性和动态性的优势，能够适应不同运行场景和需求变化。度电成本通常是一个相对固定的数值，难以应对复杂多变的运行环境。而边际成本则可以根据实际运行情况进行动态调整，更加灵活地适应各种变化。这使得边际成本在储能电站的运营管理中具有更强的实用性和适应性。此外，通过边际成本，可以进行精细化的成本分析，准确捕捉成本变化，为电站的经济运行提供决策支持。总体而言，储能电站边际成本量化法是一种科学、系统的成本分析方法，有助于精确评估储能电站的经济性能，为电站的优化运行和电力系统的可持续发展提供有力支持。

但是边际成本量化方法也有一定的局限性。边际成本量化往往基于一系列假设和理想条件，这在现实情况下可能难以完全满足，且可能存在数据不准确、不完整等问题，影响决策的准确性。与此同时，量化后得出的边际成本主要关注短期内的成本变化，而储能电站的运营往往需要考虑长期因素，在长期内，技术进步、设备老化、市场需求变化等因素都可能对储能电站的成本结构产生显著影响。

3.2 综合边际成本模型

3.2.1 全生命周期成本模型

储能系统在全生命周期的成本（即支出）包括固定成本和变动成本，其中固定成本包括初始投资成本、年维护运营成本、替换成本和后续的回收成本，变动成本包括充电成本和设备因参与辅助服务而产生的额外磨损成本。

1. 固定成本

（1）初始投资成本。初始投资成本 C_{inv} 为储能系统建设时投入的成本。根据储能技术的特点，初始投资成本包括容量成本 $C_{E,inv}$ 和功率成本 $C_{P,inv}$，见式（3-1）：

$$C_{\text{inv}} = C_{\text{E,inv}} + C_{\text{P,inv}} \qquad (3\text{-}1)$$

式中：C_{inv} 为初始投资成本，万元；$C_{\text{E,inv}}$ 为容量成本，万元；$C_{\text{P,inv}}$ 为功率成本，万元。

容量成本指储能系统中与储能容量相关的设备和施工的成本，可用单位储能容量成本 U_{E} 和储能容量 Q_{E} 计算，见式（3-2）：

$$C_{\text{E,inv}} = U_{\text{E}} Q_{\text{E}} \qquad (3\text{-}2)$$

式中：$C_{\text{E,inv}}$ 为容量成本，元；U_{E} 为单位储能容量成本，元/MWh；Q_{E} 为储能容量，MWh。

功率成本 $C_{\text{P,inv}}$ 指储能系统中与功率相关的设备和施工的成本，可用单位功率成本 U_{P} 和装机容量 W_{P} 计算，见式（3-3）：

$$C_{\text{P,inv}} = U_{\text{P}} W_{\text{P}} \qquad (3\text{-}3)$$

式中：$C_{\text{P,inv}}$ 为功率成本，元；U_{P} 为单位功率成本，元/MW；W_{P} 为装机容量，MW。

针对具体的项目，初始投资成本也可直接根据所有设备的采购和施工费用计算得到，即采用可行性研究报告中的总投资数据或已建成项目的实际投资数据。

（2）年维护运营成本。年维护运营成本 C_{OM} 指储能系统在每年运行和维护的过程中产生的费用，主要可以分为容量维护成本 $C_{\text{E,OM}}$、功率维护成本 $C_{\text{P,OM}}$ 和人工运营成本 C_{labor}，见式（3-4）：

$$C_{\text{OM}} = C_{\text{E,OM}} + C_{\text{P,OM}} + C_{\text{labor}} \qquad (3\text{-}4)$$

式中：C_{OM} 为年维护运营成本，万元；$C_{\text{E,OM}}$ 为容量维护成本，万元；$C_{\text{P,OM}}$ 为功率维护成本，万元；C_{labor} 为人工运营成本，万元。

容量维护成本指与容量相关的设备的维护成本，用单位储能容量维护成本 $U_{\text{E,OM}}$ 和储能容量 Q_{E} 计算，见式（3-5）：

$$C_{\text{E,OM}} = U_{\text{E,OM}} Q_{\text{E}} \qquad (3\text{-}5)$$

式中：$U_{\text{E,OM}}$ 为单位储能容量维护成本，元/MWh；Q_{E} 为储能容量，MWh。

功率维护成本指与功率相关的设备的维护成本，用单位功率维护成本 $U_{\text{P,OM}}$ 和装机容量 W_{P} 计算，见式（3-6）：

$$C_{\text{P,OM}} = U_{\text{P,OM}} W_{\text{P}} \qquad (3\text{-}6)$$

式中：$U_{\text{P,OM}}$ 为单位功率维护成本，元/MW；W_{P} 为装机容量，MW。

人工运营成本指与运维人员相关的支出，可根据项目运维人员定员数量

n_{labor} 和每人每年的费用 U_{labor} 计算，见式（3-7）：

$$C_{labor} = U_{labor} n_{labor} \tag{3-7}$$

式中：n_{labor} 为项目运维人员定员数量；U_{labor} 为每人每年的费用，万元。

针对具体的项目，年维护运营成本也可直接采用可行性研究报告中的年维护运营成本或实际运行项目的年维护运营成本。

（3）替换成本。替换成本 C_R 指由于储能系统组件寿命等因素，需要按照指定的时间间隔进行更换，在替换组件过程中所产生的费用。在电池储能系统中，由于电池的性能在使用过程中会衰减，当衰减到报废的程度时，需进行电池的更换。替换成本可用单位储能容量替换成本 $U_{R,E}$、单位功率替换成本 $U_{R,P}$、储能容量 Q_E 和储能额定功率 W_P 计算，见式（3-8）：

$$C_R = U_{R,E} Q_E + U_{R,P} W_P \tag{3-8}$$

式中：$U_{R,E}$ 为单位储能容量替换成本，元/MWh；$U_{R,P}$ 为单位功率替换成本，元/MW；Q_E 为储能容量，MWh；W_P 为储能额定功率，MW。

（4）回收成本。回收成本 C_{Rec} 指储能系统在使用寿命终止时项目拆除所产生的费用和设备二次利用带来的收入之差。若拆除成本大于二次利用带来的收入，则回收成本为正值；若拆除成本小于二次利用带来的收入，则回收成本为负值，其计算公式见式（3-9）：

$$C_{Rec} = U_{Rec,E} Q_E + U_{Rec,P} W_P \tag{3-9}$$

式中：$U_{Rec,E}$ 为单位容量回收成本，元/MWh；$U_{Rec,P}$ 为单位功率回收成本，元/MW。

（5）总固定成本。上述各项成本中，初次投资成本为项目建设时的一次性投入成本，其余各项均为按年发生的成本。考虑以储能电站投运时刻作为折算起点，N 为全生命周期年限，则全生命周期内的总固定成本 C_{total}^f（万元）可表示为：

$$C_{total}^f = C_{inv} + \sum_{n=1}^{N} \frac{C_{OM} + C_R}{(1+r)^n} + \frac{C_{Rec}}{(1+r)^N} \tag{3-10}$$

2. 变动成本

储能参与调峰、调频和紧急功率支撑时额外增加的变动成本包括充电成本、机械设备的磨损成本或电化学储能的循环寿命衰减成本（根据储能类型判定）。

（1）充电成本。储能系统参与辅助服务 t 时段的充电成本计算公式见式（3-11）：

$$C_C = \frac{\int_{t1}^{t2} P_t \cdot p \cdot \theta_{\text{DOD}}}{\eta}$$ （3-11）

式中：C_C 为储能系统 t 时段储能参与辅助服务的充电成本，万元；P_t 为储能 t 时段参与辅助服务的输出功率，MW；p 为储能的充电电价，元/kWh；θ_{DOD} 为储能系统循环深度，%；η 为储能系统的充放电效率，%。

（2）设备磨损成本。

机械储能中的机械磨损成本计算公式见式（3-12）：

$$C_{\text{M1}} = \frac{\beta S}{2N_f}$$ （3-12）

式中：C_{M1} 为储能系统 t 时段参与辅助服务的机械设备磨损成本，万元。参考 Manson-Coffin❶公式可得储能的机组损耗成本，β 为发电机组运行影响系数，取值为 1.2~1.5；N_f 为转子致裂循环周次；S 为机组投资成本，万元。

电化学储能中的循环衰减成本计算公式见式（3-13）：

$$C_{\text{M2}} = \sum_{j=1}^{J} C_j M P_t$$ （3-13）

式中：C_{M2} 为储能系统 t 时段辅助服务的电池循环寿命衰减成本，万元；C_j 为在 j 循环深度下电池的边际老化成本，可以根据电池储能的循环寿命以及电池储能的替换成本得到，万元；P_t 为储能 t 时段辅助服务输出功率，MW；M 为辅助服务时长，min。

为了定义周期老化的边际成本，将电池单元更换成本 R 按比例分配给边际周期老化，并构建一个片状线性上位逼近函数 C，该函数由 J 段组成，平均划分周期深度范围（从 0 到 100%），见式（3-14）、式（3-15）：

$$C_j = \frac{R}{\eta_{\text{dis}} E_{\text{rate}}} \left[\phi\left(\frac{j}{J}\right) - \phi\left(\frac{j-1}{J}\right) \right]$$ （3-14）

$$\phi(j) = (5.24e - 4) j^{2.03}$$ （3-15）

式中：E_{rate} 是电池储能的额定容量，MWh；$\varPhi\left(\dfrac{j}{J}\right)$ 表示周期产生的增量老化，是关于循环深度的函数；$\varPhi(j)$ 为电池储能的循环压力函数；η_{dis} 为电池放电效率，%。

---

❶ Manson-Coffin 模型公式基本思想是材料的寿命与材料的循环应变有关，也与材料的应力水平有关。通常表示为 S=ε^（-b/N）。其中 S 是材料的疲劳寿命，即循环次数；ε 是材料的循环应变；b 和 N 是材料的常数，b 表示材料的强度指数，N 表示材料的寿命指数。

（3）总变动成本。

全生命周期内的总变动成本 C_{total}^v 见式（3-16）：

$$C_{\text{total}}^v = \sum_{n=1}^{N} \frac{C_C + C_{Mi}}{(1+r)^n} \quad (i=1:\text{机械储能，} i=2:\text{电化学储能}) \qquad (3\text{-}16)$$

式中：C_C 为储能系统 t 时段储能参与辅助服务的充电成本，万元；C_{Mi} 为设备磨损成本。

3.2.2 综合边际成本模型

储能边际成本是指储能电站在全生命周期内增加单位电量或里程而产生的成本增加量。边际成本的计算对于储能参与辅助服务交易的定价方面具有重要指导意义。

1. 单位固定成本

由于储能参与辅助服务时具有容量特性或功率特性，因此根据储能的全生命周期成本和全生命周期的总处理电量及总处理功率计算得到储能的单位电量固定成本和单位里程固定成本。

（1）单位电量固定成本。储能全生命周期的总发电量与储能的寿命年限、储能系统容量、年循环次数、循环深度、充放电效率和每次循环的等效容量保持率有关。具体见式（3-17）：

$$E_{\text{total}} = \frac{\sum_{N=1}^{N} Q_E n \theta_{\text{DOD}} \zeta}{\eta} \qquad (3\text{-}17)$$

式中：E_{total} 为储能系统全生命周期内的总发电量，MWh；N 为储能的寿命年限；Q_E 为储能系统容量，MWh；θ_{DOD} 为储能系统的循环深度，%；n 为储能系统的年循环次数，次；η 为储能的充放电效率，%；ζ 为储能系统每次循环的等效容量保持率，%。

综上，根据储能的全生命周期总容量成本和全生命周期总处理电量可以计算得到储能的单位电量固定成本，见式（3-18）。

$$\text{单位电量成本} = \frac{\text{总容量成本}}{\text{总处理电量}} = \frac{\partial C_{\text{total}}^E}{\partial E_{\text{total}}} \qquad (3\text{-}18)$$

（2）单位里程固定成本。储能全生命周期的总输出功率可根据储能的系统额功率、年循环次数、循环深度等计算得到，见式（3-19）：

$$S_{\text{total}} = \frac{\sum_{N=1}^{N} W_{\text{P}} n \theta_{\text{DOD}} \zeta}{\eta} \qquad (3\text{-}19)$$

式中：S_{total} 为储能全生命周期总输出功率，MW；W_{P} 为储能系统的额定功率，MW。

根据储能的全生命周期成本及全生命周期的总处理功率可以计算得到储能的单位里程固定成本，见式（3-20）：

$$\text{单位里程成本} = \frac{\text{总功率成本}}{\text{总处理功率}} = \frac{\partial C_{\text{total}}^{P}}{\partial S_{\text{m}}} \qquad (3\text{-}20)$$

2. 单位变动成本

根据储能的变动成本以及储能实际运行中 t 时段输出的电量或功率可以计算得到储能参与辅助服务时的单位变动成本，见式（3-21）、式（3-22）。

$$mc_1 = \frac{t \text{ 时段总变动成本}}{t \text{ 时段总处理电量}} = \frac{\partial C_{\text{total}}^{v}}{\partial Q_{t}} \qquad (3\text{-}21)$$

$$mc_2 = \frac{t \text{ 时段总变动成本}}{t \text{ 时段总处理功率}} = \frac{\partial C_{\text{total}}^{v}}{\partial P_{t}} \qquad (3\text{-}22)$$

式中：mc_1 为储能参与调峰的单位变动成本，元/kWh；mc_2 为储能参与调频和紧急功率支撑的单位变动成本，元/MW。

3. 边际成本

根据储能的单位电量成本、单位里程成本和边际变动成本可以计算得到储能参与调峰、调频和紧急功率支撑的边际成本，见式（3-23）、式（3-24）：

$$MC_1 = \text{单位电量成本} + mc_1 = \frac{\partial C_{\text{total}}^{E}}{\partial E_{\text{total}}} + \frac{\partial C_{\text{total}}^{v}}{\partial Q_{t}} \qquad (3\text{-}23)$$

$$MC_2 = \text{单位里程成本} + mc_2 = \frac{\partial C_{\text{total}}^{P}}{\partial S_{\text{m}}} + \frac{\partial C_{\text{total}}^{v}}{\partial P_{t}} \qquad (3\text{-}24)$$

式中：MC_1 为储能参与调峰的边际成本，元/kWh；MC_2 储能参与调频和紧急功率支撑的边际成本，元/MW。

3.3 扰动因素分析模型

3.3.1 综合扰动性分析方法

对储能进行全生命周期成本动因分析，识别影响储能全生命周期成本的因子，进而得到各成本因子对全生命周期成本的影响程度。通过识别影响储能成本变动的扰动因素，控制成本动因，有助于减少储能的全生命周期成本，获取良好的经济效益。

储能全生命周期成本扰动因素的基本结构式见式（3-25）：

$$\mathrm{LCC} = f(P_1, P_2, \cdots, P_m) = a_1 P_1 + a_2 P_2 + \cdots + a_m P_m \tag{3-25}$$

式中：$P_1, P_2, \cdots, P_m$ 为影响储能全生命周期成本的各种成本动因，例如系统能量成本、循环寿命等。

传统的扰动性函数见式（3-26）：

$$\frac{\partial \mathrm{LCC}}{\partial P_i} = \frac{\partial}{\partial P_i} f(P_1, P_2, \cdots, P_m) = a_i \, (i = 1, 2, \cdots, m) \tag{3-26}$$

全生命周期成本对 P_i 的偏导数的绝对值越大，则 P_i 对全生命周期成本的扰动性越高。其中，$a_i > 0$，表明 P_i 增加会使全生命周期成本增加；$a_i < 0$，则说明 P_i 增加使得全生命周期成本减少；若 $a=0$，则说明 P_i 的变化对全生命周期成本没有影响。但是，传统的扰动性分析方法仅能得到全生命周期成本对某一参数变化的敏感程度，而单一敏感程度并不能证明参数对全生命周期成本的重要程度。因此，在考虑扰动性系数的同时，兼顾参数量值对全生命周期成本的作用，对传统扰动性分析方法进行改进，得到综合扰动性分析方法，具体步骤如下：

（1）根据 $P_1, P_2, \cdots, P_m$ 的最小值和最大值，计算出参数平均值 $P_{1\mathrm{mid}}$，$P_{2\mathrm{mid}}, \cdots, P_{m\mathrm{mid}}$，见式（3-27）：

$$P_{i\mathrm{mid}} = (P_{i\min} + P_{i\max})/2 \, (i = 1, 2, \cdots, m) \tag{3-27}$$

（2）根据各参数均值，计算各参数的扰动性函数，见式（3-28）：

$$\frac{\partial \mathrm{LCC}}{\partial P_i} = \frac{\partial}{\partial P_i} f(P_{1\mathrm{mid}}, P_{2\mathrm{mid}}, \cdots, P_{m\mathrm{mid}}) = a_i \, (i = 1, 2, \cdots, m) \tag{3-28}$$

（3）计算出成本动因对全生命周期成本影响的最小值和最大值，见式（3-29）、式（3-30）：

$$|a_i \bullet P_{i\min}| = SL_{P_{i\min}} \, (i = 1, 2, \cdots, m) \tag{3-29}$$

$$|a_i \bullet P_{i\max}| = SL_{P_{i\max}} \, (i = 1, 2, \cdots, m) \tag{3-30}$$

3.3.2　综合扰动性分析结论

（1）$SL_{P_{i\max}} + SL_{P_{i\min}}$ 反映了参数 P_i 占全生命周期成本比重的大小。如果该数值较大，则说明受参数 P_i 影响的成本占全生命周期成本比重较大，在进行全生命周期成本计算时必须重点关注该参数。

（2）$SL_{P_i\max} - SL_{P_i\min}$ 反映了全生命周期成本对参数 P_i 的实际扰动性。该数值越大，则说明全生命周期成本对参数 P_i 的变化非常敏感，该参数改变会导致全生命周期成本剧烈的变化，在考虑全生命周期成本决策时必须认真核对该参数。

（3）参数的 $SL_{P_i\max} + SL_{P_i\min}$、$SL_{P_i\max} - SL_{P_i\min}$ 均相对较大时，说明该参数非常重要，需要重点关注，多次核对。

（4）若参数的 $SL_{P_i\max} + SL_{P_i\min}$ 较大，但 $SL_{P_i\max} - SL_{P_i\min}$ 很小，表明该参数变化对总成本影响不大，但参数所占比重很大，决策时仍需重点关注。

（5）如果某参数的 $SL_{P_i\max} + SL_{P_i\min}$ 较小，$SL_{P_i\max} - SL_{P_i\min}$ 较大，表明该参数所占比重较小，但参数的变化对总成本的影响不能忽略。

（6）参数 $SL_{P_i\max} + SL_{P_i\min}$、$SL_{P_i\max} - SL_{P_i\min}$ 均很小，则说明该参数相对不重要，在全生命周期成本分析精确性要求不高时可近似或忽略。

3.4 案 例 分 析

本节选取某地储能电站的平均数据，依据全生命周期成本模型和综合边际成本模型对不同储能形式的综合边际成本进行计算和对比分析。

以抽水蓄能、压缩空气储能、磷酸铁锂电池储能和液流电池储能四种大规模储能技术为例，采用上述方法计算其参与调峰、调频和紧急功率支撑的综合边际成本。四种储能形式的全生命周期成本输入参数、变动成本输入参数见表3-1、表3-2。

表 3-1　　　　　　　四种储能形式的全生命周期成本输入参数

参　　数	抽水蓄能	压缩空气储能	磷酸铁锂电池储能	液流电池储能
储能系统容量 Q_E（MWh）	1000	1000	300	400
储能系统功率 W_P（MW）	200	250	150	100
单位容量投资成本 U_E（元/kWh）	50～60	80～110	600～800	2000～2500
单位功率投资成本 U_P（元/kW）	2000～3000	5000～7000	300～400	1300～1500
单位容量维护成本 $U_{E,OM}$（万元/MWh）	1	1	2	2
单位功率维护成本 $U_{P,OM}$（万元/MWh）	1	1	1	1

续表

参　数	抽水蓄能	压缩空气储能	磷酸铁锂电池储能	液流电池储能
运营人工成本 C_{labor}（万元/年）	300	300	50	20
替换成本 U_R（万元/次）	0	0	620	620
残值回收率（%）	10	10	1	1
折现率 r（%）	6	6	6	6
充放电效率 η（%）	75～80	55～75	90	78
放电深度 θ_{DOD}（%）	90	90	90	90
自放电率 η_{self}（%）	0.05	0.05	0.05	0.05
使用寿命 N（年）	55	50	20	20
年循环次数 N_y（次/年）	300～350	300～350	900～1000	900～1000
单次循环时间（h）	8～12	6～8	2～4	6～8
非新能源侧充电单价（元/kWh）	0.28～0.68	0.28～0.68	0.28～0.68	0.28～0.68

表 3-2　　　　　　　　四种储能形式的变动成本输入参数

参　数	抽水蓄能	压缩空气储能	磷酸铁锂电池储能	液流电池储能
t 时段调峰电量 Q_F（MWh）	3	3	3	3
t 时段调频功率 P_P（MW）	0.2	0.2	0.2	0.2
t 时段紧急功率支撑的功率 P_{JP}（kW×10000）	—	—	100	100
调峰时段时长（min）	3	3	3	3
调频时段时长（min）	1	1	1	1
紧急功率支撑时段时长（s）	1	1	1	1
机组运行影响系数 β	1.5	1.5	1.5	1.5
调峰转子致裂循环周次 N_{f1}（次）	49.79	49.79	—	—
调频转子致裂循环周次 N_{f2}（次）	12.32	12.32	—	—
紧急功率支撑转子致裂循环周次 N_{f3}（次）	1.82	1.82	—	—
循环寿命边际老化成本 C_j（元/MWh）	—	—	0.2196	0.2196

依据某地区的峰谷电价时段划分，22:00—次日 5:00 为谷时段，8:00—21:00 为峰时段，其余时间为平时段，谷时段电价为 0.28 元/kWh，峰时段电价为 0.68 元/kWh，平时段电价为 0.48 元/kWh，结合分时电价和不同工况，计算

各类型储能参与不同种类辅助服务的综合边际成本，并对其变化进行分析。

1. 综合边际成本模型结果及分析

抽水蓄能、压缩空气储能、磷酸铁锂电池储能和液流电池储能参与调峰、调频和紧急功率支撑的边际成本计算结果见表 3-3。

表 3-3   四种储能形式的边际成本

辅助服务类型	储能类型	单位固定成本	单位变动成本	边际成本
调峰（元/kWh）	抽水蓄能	0.17～0.30	0.32～0.82	0.49～1.12
	压缩空气储能	0.74～1.09	0.34～1.12	1.07～2.01
	磷酸铁锂电池储能	0.19～0.44	0.28～0.68	0.47～1.12
	液流电池储能	0.31～0.46	0.32～0.78	0.63～1.24
调频（元/MW）	抽水蓄能	3.86～6.70	1.06～2.74	4.92～9.44
	压缩空气储能	16.33～24.25	1.16～3.77	17.49～28.01
	磷酸铁锂电池储能	4.16～9.74	0.93～2.27	5.10～12.00
	液流电池储能	6.90～10.21	1.08～2.62	7.98～12.83
紧急功率支撑（元/MW）	磷酸铁锂电池储能	0.01	0.08～0.19	0.08～0.19
	液流电池储能	0.01	0.09～0.22	0.09～0.22

对于储能参与辅助服务的单位固定成本，抽水蓄能和压缩空气储能的初始投资成本较高，所以其单位固定成本相比于两种电化学储能来说也是比较高的。压缩空气储能的单位固定成本最高，不仅是由于其初始投资成本较高，还受到它的充放电效率较低的影响，而磷酸铁锂电池储能由于投资成本较低且充放电效率高，因此最具经济优势。

在参与调峰和调频市场时，两种电化学储能的单位变动成本均低于两种机械储能，这说明随着运行总时长的增加，两种电化学储能的衰退成本更低，因而两种电化学储能比抽水蓄能、压缩空气储能这两种机械储能更具有边际优势。同理，在紧急功率支撑市场中，磷酸铁锂电池储能比液流电池储能更具有边际优势。由于紧急功率会在短时间内释放百万千瓦的功率，所以紧急功率支撑额外增加的单位变动成本明显小于调峰和调频情景中的。

将不同类型储能参与不同辅助服务时的单位固定成本和单位变动成本相加便可以计算得到储能参与不同辅助服务时的边际成本，多类型储能参与辅助服务市场综合边际成本对比见图 3-1。由计算结果可以看出，从市场选择来看，两种机械储能在调峰市场中更具有成本优势，而两种电化学储能则在紧急功率支撑市场中更具有成本优势。总体来看，磷酸铁锂电池储能在各类型电力辅助服务市场中经济性均为最优，但其持续放电时间短，电站整体寿命也较短；在长时储能中，抽水蓄能则在各电力辅助服务市场中都更具成本优势，其持续放电时间长、寿命周期也相对较长。在投建储能电站时，可以根据需求选择经济性更好的储能技术，从而尽可能增加储能电站的盈利。

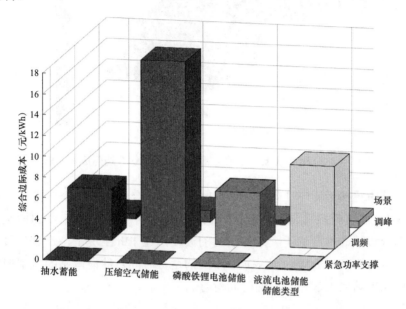

图 3-1 多类型储能参与辅助服务市场综合边际成本对比图

2. 结合分时电价针对不同工况下多类型储能的综合边际成本分析

（1）抽水蓄能。抽水蓄能参与调峰的边际成本变化，见图 3-2。

工况是指储能不同充放电时间的运行情况。不同的工况会导致充电成本、电池损耗等的差异，从而导致综合边际成本的不同。时点指储能开始运行的时间，如抽水蓄能在调峰场景中，在 12h 工况下 4:00 运行的综合边际成本为 0.49 元/kWh。即为抽水蓄能 4:00 开始运行，参与调峰辅助服务，充放电时间共 12h，此次运行综合边际成本为 0.49 元/kWh。

由图 3-2 可知，在抽水蓄能电站从循环 2h 到循环 12h 的工况变化中，综合边际成本不断降低，且在循环 2h 的非正常工况下，综合边际成本显著高于正常工况下，与 12h 工况相比，最大成本差达到了 1.17 元/kWh，两种工况各时段平均成本差为 0.90 元/kWh，是 12h 工况下平均交易成本的 1.21 倍。这表明，在极端不正常工况下，抽水蓄能综合边际成本大大增高，应尽量避免抽水蓄能电站在这种情况下运行。

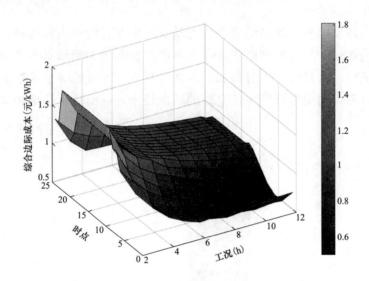

图 3-2　2～12h 工况变化下抽水蓄能参与调峰综合边际成本分析图

取其中更接近正常工况的 6～12h 工况下综合边际成本变化进行分析，见图 3-3。随着时段变化，不同的分时电价也让不同时间下工作的抽水蓄能电站综合边际成本产生了一定范围内的波动，在 12h 工况下，最高与最低边际成本差为 0.41 元/kWh。这表明，不同的运行时间对储能电站的成本影响很大，储能电站应当选择合适的时间运行。

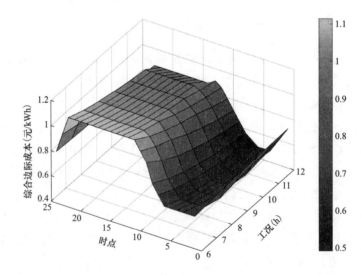

图 3-3　6～12h 工况变化下抽水蓄能参与调峰综合边际成本分析图

从成本角度来看，在参与调峰时，抽水蓄能电站应尽量在 2:00—6:00 进行工作，避免在 12:00—22:00 运行。综合考虑整体情况，参与调峰市场过程中，抽水蓄能在 12h 工况下 4:00—6:00 运行可以得到最优综合边际成本 0.49 元/kWh。

抽水蓄能参与调频的综合边际成本变化也有类似的特点，见图 3-4。与调峰类似，抽水蓄能电站参与调频在接近正常工况条件下综合边际成本更低。其综合边际成本也会随着分时电价的变化而波动，但没有调峰情况下波动幅度大。12h 工况下平均成本差可达 19.40 元/MW。不同时段的成本差较大，因而储能电站应当选择合适的时段运行。

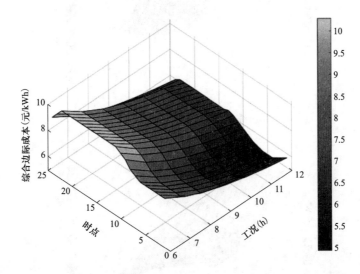

图 3-4　6～12h 工况变化下抽水蓄能参与调频综合边际成本分析图

从成本角度来看，在参与调频时，抽水蓄能电站应尽量在 2:00—9:00 进行工作，此时综合边际成本最小可达 4.92 元/MW。同时应当避免在 12:00—23:00 运行，此时调频综合边际成本最大为 6.30 元/MW。

对抽水蓄能整体而言，工况与分时电价对综合边际成本的影响程度相近。因此在抽水蓄能参与辅助服务的各场景下，都应当尽量选择合适的工况和运行时间，以保证经济性。

（2）压缩空气储能。与抽水蓄能的综合边际成本变化情况类似，压缩空气储能的综合边际成本也受工况和分时电价的显著影响。压缩空气储能在调峰和调频场景中，4～8h 工况下的综合边际成本变化见图 3-5 和图 3-6。

在调峰场景下，压缩空气储能机组越接近正常工况时，综合边际成本越低。与非正常工况相比，平均成本差达到 2.21 元/kWh。在 8h 工况下，选择不同的运行时间，压缩空气储能最大成本差达到了 0.48 元/kWh。所以在压缩空气储能参与调峰场景下，机组应当尽量选择在 8h 工况下运行，且在 4:00—6:00 工作可以得到最低综合边际成本 1.07 元/kWh。

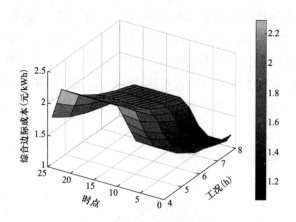

图 3-5　4～8h 压缩空气储能参与调峰综合边际成本分析图

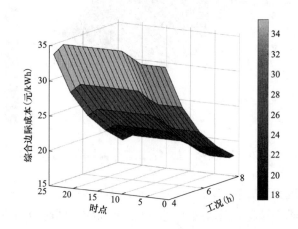

图 3-6　4～8h 压缩空气储能参与调频综合边际成本分析图

在调频场景下，工况和运行时间对压缩空气储能的综合边际成本影响更显著。不同工况下，压缩空气储能综合边际成本平均差达到 49.00 元/MW。在 24h 分时电价波动下，取正常工况运行场景进行分析，压缩空气储能最大成本差为 1.6 元/MW。压缩空气储能参与调频场景下，机组在 8h 工况下 4:00—6:00 运行可以得到最低综合边际成本 17.49 元/MW。

对于压缩空气储能整体而言，工况对综合边际成本的影响比分时电价更大。所以在压缩空气储能参与辅助服务时，要想获得更好的经济性，应当首先保证运行工况，其次需要选择合适的运行时间。

（3）磷酸铁锂电池储能。磷酸铁锂电池在参与调峰、调频和紧急功率支撑三种辅助服务时，其综合边际成本均受到运行工况和分时电价的影响，见图 3-7～图 3-9。

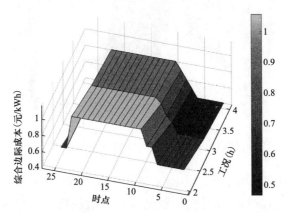

图 3-7 2～4h 磷酸铁锂电池储能参与调峰综合边际成本分析图

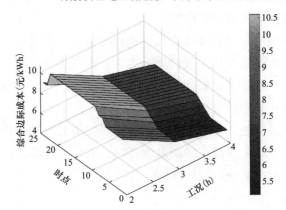

图 3-8 2～4h 磷酸铁锂电池储能参与调频综合边际成本分析图

在调峰场景下，与非正常工况相比，磷酸铁锂电池储能平均成本差为 0.19 元/kWh。而在 24h 分时电价波动下，机组运行 4h 最大成本差为 0.40 元/kWh。储能机组在 4h 工况下 24:00—次日 6:00 运行可以得到最低综合边际成本 0.47 元/kWh。

在调频场景下，与非正常工况相比，磷酸铁锂电池储能平均成本差为 4.16 元/MW。而在 24h 分时电价波动下，磷酸铁锂电池储能最大成本差为 1.33 元/MW。储能机组在 4h 工况下 24:00—次日 6:00 运行可以得到最低综合边际成本 5.10 元/MW。

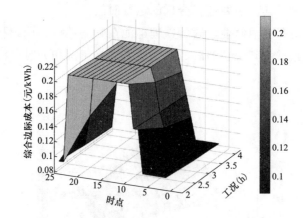

图 3-9 2～4h 磷酸铁锂电池储能参与紧急功率支撑综合边际成本分析图

在紧急功率支撑场景下，不同工况下磷酸铁锂电池储能的最大成本差为 0.04 元/MW。而在 24h 分时电价波动下，磷酸铁锂电池储能最大成本差为 0.14 元/MW。磷酸铁锂电池储能机组在 4h 工况下 24:00—次日 6:00 运行可以得到最低综合边际成本 0.088 元/MW。

对磷酸铁锂电池储能整体而言，在调峰与紧急功率支撑场景中，分时电价对综合边际成本的影响比工况的影响更大；而在调频中则是工况对综合边际成本影响更大。在不同的辅助服务中应当优先关心不同的条件，从而尽量保证储能电站运行的经济性。

（4）液流电池储能。与磷酸铁锂电池的情况类似，液流电池储能在参与调峰、调频和紧急功率支撑三种辅助服务时，其综合边际成本也都会受到运行工况和分时电价的影响，见图 3-10～图 3-12。

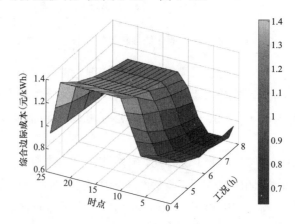

图 3-10 4～8h 液流电池储能参与调峰综合边际成本分析图

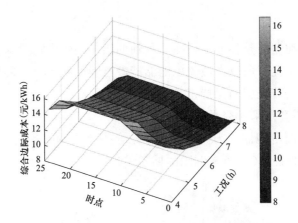

图 3-11 4～8h 液流电池储能参与调频综合边际成本分析图

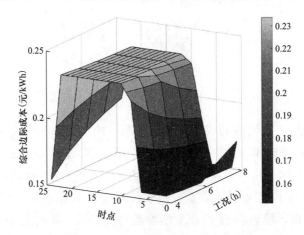

图 3-12 4～8h 液流电池储能参与紧急功率支撑综合边际成本分析图

在调峰场景下，与非正常工况相比，液流电池储能平均成本差为 0.93 元/kWh。在 24h 分时电价波动下，液流电池储能机组运行 8h 最大成本差为 0.46 元/kWh。机组在 8h 工况下 2:00—6:00 运行可以得到最低综合边际成本 0.63 元/kWh。

在调频场景下，与非正常工况相比，液流电池储能平均成本差为 20.71 元/MW。在 24h 分时电价波动下，液流电池储能运行 8h 最大成本差为 1.54 元/MW。机组在 8h 工况下 2:00—6:00 运行可以得到最低综合边际成本 7.98 元/MW。

在紧急功率支撑场景下，不同工况下液流电池储能最大成本差为 0.036 元/MW。而在 24h 分时电价波动下，液流电池储能的最大成本差为 0.09 元/MW。液流电池储能机组在 8h 工况下 1:00—7:00 运行可以得到最低综合边际成本

0.151 元/MW。

对液流电池储能整体而言，在三种辅助服务场景中，对综合边际成本影响最大的均为工况。所以在液流电池储能参与辅助服务时，要想保证较低的综合边际成本，首先应当保持正常的运行工况。

3. 扰动模型结果及分析

以磷酸铁锂电池储能为例，储能电站全生命周期的各类成本见表 3-3。磷酸铁锂电池储能 LCC 成本占比图见图 3-13。

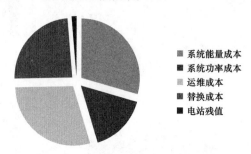

系统能量成本
系统功率成本
运维成本
替换成本
电站残值

图 3-13　磷酸铁锂电池储能 LCC 成本占比图

在磷酸铁锂电池储能的成本组成中，系统能量成本的占比最大，达到了30%，其次为运维成本、替换成本和系统功率成本，它们的占比依次为29%、24%和16%，占比最小的为电站残值，仅占1%。所以在分析磷酸铁锂电池储能 LCC 成本的影响因素时应着重分析系统能量成本和运维成本。

为便于分析，将影响 LCC 模型的参数进行编号，并列出其取值范围，见表 3-4。

表 3-4　　　　　　　　　　参数编号及取值范围表

编号	参数名称	数值范围（min,mid,max）
1	系统能量成本（万元）	（600,1000,1400）
2	系统功率成本（万元）	（400,700,1000）
3	运维成本（万元）	（350,400,450）
4	替换成本（万元）	（1800,2000,2200）
5	电站残值（万元）	（40,75,110）
6	充放电效率（%）	（75,85,95）
7	使用寿命（年）	（15,20,25）
8	循环次数（次/年）	（250,330,450）
9	放电深度（%）	（87,90,93）
10	折现率（%）	（6.5,8,9.5）

采用综合敏感分析方法分别对参数进行分析。由于得到的系数存在数量级差异，因此在对数坐标系下进行分析，磷酸铁锂电池储能的 LCC 综合敏感性分析图见图 3-14。

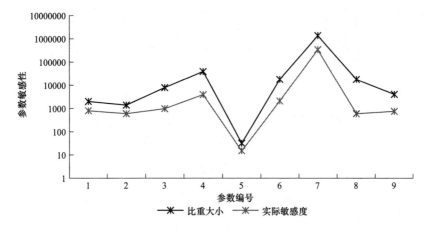

图 3-14　磷酸铁锂电池储能的综合敏感性分析

从图 3-14 可以看出，对于磷酸铁锂电池储能的综合敏感性分析中参数 7 的敏感性和比重是最高的，其次为参数 4，参数 3、6 和 8 的比重相差不大，但是参数 3 和 6 的敏感度比 8 的稍微高一些。所以，磷酸铁锂电池储能的 LCC 敏感性因素中电池的使用寿命和替换成本的变化对电池的 LCC 影响更高。电池的使用寿命和替换成本对综合边际成本的影响见图 3-15 和图 3-16。

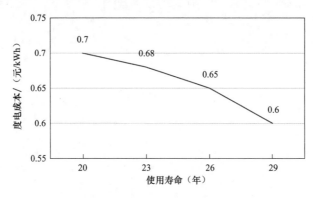

图 3-15　使用寿命影响

磷酸铁锂电池的度电成本与使用寿命呈负相关，当使用寿命从 20 年增加至 29 年时，电池的度电成本从 0.7 元/kWh 降到 0.6 元/kWh；而替换成本与电池的度电成本呈正相关，当电池的替换成本从 90 万元/MWh 增加到 105

万元/MWh 时，电池的度电成本从 0.45 元/kWh 增加到 0.64 元/kWh。

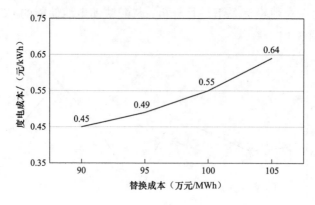

图 3-16　替换成本影响

储能参与电力辅助服务的
综合价值评估模型

本章研究储能参与电力辅助服务的综合价值评估框架，设计涵盖经济效益、安全效益、环境效益等不同维度的储能综合价值评估指标体系，探究储能参与电力辅助服务的直接经济效益与间接经济效益的量化分析方法、保障系统供需平衡的安全效益量化分析方法以及促进新能源消纳、减少二氧化碳及其他污染物排放的环保效益量化分析方法，提出基于随机生产模拟的评价指标合理参考区间，建立储能参与电力辅助服务的综合价值评价标准。

4.1 储能参与辅助服务综合价值评估指标体系

在电力系统中加入储能，一般不会引起原系统价值的减少。本节用多重应用价值的叠加来评估系统价值，即储能的系统价值是指储能在电力系统发、输、变、配、用等各环节中实现的价值之和。为了使综合价值评估体系层次更为清晰，本小节将各环节价值分类为直接价值和间接价值。其中，储能的直接价值是指储能参与特定应用所实现的价值，间接价值是指其在实现直接价值的基础上额外产生的价值。储能系统在不同场景下的价值体现见图4-1。

全社会主体视角的评判是一个总的评价标准，但不是决定储能电站建设与否的唯一标准，甚至在特殊的发展阶段，部分利益主体的评价指标应该予以更高的权重。如当电力装机容量不足时，传统发电企业和可再生能源发电机组的经济性评价权重应予以提高；当能源消耗过高，发电一次能源不足时，燃料消耗的评价权重应予以提高；当输配电相关设备资源紧张，电网公司评价指标中的延缓电力系统升级的权重应当提高。因此，有必要提出一种综合权衡不同利益主体收益与损失，对特定储能电站项目建设与运营进行决策的评价准则。

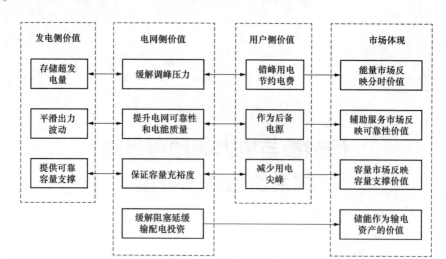

图 4-1　储能系统在不同场景下的价值体现

　　在储能参与辅助服务市场这一背景下，根据市场中的不同主体进行划分，从第三方独立投资主体、电网、新能源发电商、火力发电商、大工业用户等不同投资主体出发，考虑直接效益和间接效益两个维度，构建了储能参与辅助服务的综合价值评估指标体系，并从经济和技术两个方面设计了储能参与辅助服务的综合价值评价标准。

4.1.1　独立储能

　　独立储能参与电力现货市场和辅助服务市场为储能本身、发电侧、电网侧、用户侧和社会侧产生的价值见表 4-1。

表 4-1　　　　　第三方主体投资储能的综合价值评估指标体系

指标维度	指标名称	评价标准
直接价值	峰谷差套利收益（调峰收益）	峰谷差比
	紧急功率支撑收益	紧急功率支撑价格
	调频服务收益	调频价格
	备用服务收益	备用价格
间接价值	促进新能源上网的电量收益	风电、光电标杆电价
	替代系统机组装机容量价值	发电单位容量造价标准
	替代电网投资价值	电网单位容量造价标准
	减少的停电损失	停电成本
	节煤价值	煤炭价格
	污染物减排价值	排放收费标准

1. 直接价值

（1）峰谷差套利收益。储能峰谷差套利收益的计算公式见式（4-1）：

$$R_e = (\eta_{dis}P_t^{dis} - \eta_{cha}P_t^{cha})q_e\Delta t \tag{4-1}$$

式中：R_e 为储能根据电网峰谷差进行的套利收益，元；q_e 为电网实时峰谷分时电价，元/kWh；P_t^{cha} 为储能系统充电功率，MW；P_t^{dis} 为储能系统放电功率，MW；η_{cha} 为储能系统充电效率，%；η_{dis} 为储能系统放电效率，%；Δt 为时间间隔，天。

（2）紧急功率支撑直接收益。直流闭锁会导致有功功率不平衡现象出现，特高压交直流系统将会采取稳控措施。在此期间，受端电网功率缺额，持续低压状态，通过切负荷来减少受端负载压力，抬高受端电压。同时，发电缺额导致受端电网频率降低，发电机组转子加速，提供转动惯量功率，系统的功率缺额和频率变化见式（4-2），可知系统在某一时刻的频率偏差与功率缺额线性相关，改变系统功率缺额即可改变系统频率偏差。

$$\begin{cases} \Delta P_t = \Delta P_{loss} - \sum_{j=1}^{c} P_{Mj} - \sum_{j=1}^{m} P_{Lj} \\ \dfrac{\Delta f_t}{f} = \dfrac{\Delta P_t}{P(\rho K_g + K_f)} \end{cases} \tag{4-2}$$

式中：ΔP_t 为 t 时刻系统的功率缺额，MW；ΔP_{loss} 为未投入分布式储能系统时系统因直流闭锁损失的有功功率，MW；P_{Mj} 为未投入分布式储能系统时第 j 台发电机组转动惯量功率，MW；c 为发电机组并网台数；P_{Lj} 为直流闭锁后第 j 台可切负荷功率，MW；m 为可切负荷台数；$\Delta f_t / f$ 为 t 时刻系统的频率偏差，%；P 为系统总有功功率，MW；ρ 为电网旋转备用系数；K_g 为发电机组频率静态特性系数；K_f 为负荷频率静态特性系数。

若投入分布式储能系统，在稳控措施实施后，紧急功率支撑指令下达至储能单元，分布式储能系统进行调节。投入分布式储能系统后，受端电网的功率缺额减少，频率偏差减小，频率稳定性有所提升。受端电网功率缺额和频率变化见式（4-3）。

$$\begin{cases} \Delta P_t = \Delta P_{loss} - \sum_{j=1}^{c} P_{M'j} - \sum_{j=1}^{m} P_{Lj} - \sum_{i=1}^{n} P_{battery,dc,i} \\ \dfrac{\Delta f_t}{f} = \dfrac{\Delta P_t}{\left(P + \sum_{j=1}^{n} P_{battery,dc,i}\right) \times P(\rho K_g + K_f)} \end{cases} \tag{4-3}$$

式中：P_{Mj} 为投入分布式储能系统后第 j 台发电机组转动惯量功率，MW；

$P_{\text{battery,dc},i}$ 为直流闭锁后储能系统 i 为提升特高压直流运行功率提供的有功功率，MW。

特高压交直流混联运行系统中，直流输电线的电压、功率等动态特性主要由所连交流系统的强度决定。分布式储能系统的投入提高了受端电网的频率稳定性，增强了交流电网强度，从而提升特高压直流线路运行功率。

由于电网切负荷、储能系统紧急支撑均可有效降低线路潮流峰值，且相同容量的切负荷功率、储能系统功率支撑作用效果相似，因此本书按照稳定切负荷服务费用给予补偿。稳定切负荷服务费用分为能力费和使用费。参考《南方区域电力辅助服务管理实施细则》，对符合规定的稳定切负荷服务主体，从传动试验合格次月开始按照 0.1 万元/每年/MW 的标准补偿稳定切负荷能力费，对处于检修等状态无法提供稳定切负荷辅助服务的电力用户，扣减其相应时段的稳定切负荷补偿费用。稳定切负荷使用费每次补偿标准为 1500 元/MWh。

（3）调频补偿直接收益。以第三方提供辅助服务的储能电站暂时参照常规机组标准参与调频市场，采用"容量补偿+里程补偿"的方式，则储能电站调频收益见式（4-4）：

$$R_{\text{tp}} = W_{\text{C}} + W_{\text{M}} \tag{4-4}$$

式中：R_{tp} 为调频补偿收入，元/（MW·月）；W_{C} 为容量补偿收入，元/（MW·月）；W_{M} 为里程补偿收入，元/（MW·月）。

容量补偿根据储能调频容量定额补偿，计算方式见式（4-5）：

$$W_{\text{C}} = P_{\text{AGC}} \times C_{\text{C}} \tag{4-5}$$

式中：P_{AGC} 为储能自动发电控制（Automatic Generation Control，AGC）可调节容量，取储能可投入 AGC 运行的调节容量上、下限之差，MW；C_{C} 为调频容量补偿价格，元/（MW·月）。

下发给储能装置 AGC 指令的调节速率应为该时段电网所需的升、降功率速率，储能 AGC 指令调节的上下限为储能的额定充放电功率。目前，根据《蒙西电力市场调频辅助服务交易实施细则》，AGC 服务申报调频里程价格的最小单位是 0.1 元/MW，申报价格范围暂定为 6～15 元/MW，AGC 服务调节容量补偿标准为 60 元/MW。

里程补偿按照储能实际调用里程以市场化竞价方式补偿，其计算方式为单位计费周期内调频市场出清价格、调频里程以及调频性能综合指标的乘积，见式（4-6）。

$$W_{\mathrm{M}} = M_{\mathrm{I}} \times M_{\mathrm{F}} \times K \times C_{\mathrm{F}} \tag{4-6}$$

式中：M_{I} 为调频市场服务费总额度调节系数；M_{F} 为调频里程，MW；K 为调频性能综合指标；C_{F} 为市场出清价格，元。

按照规定，调频市场服务费总额度调节系数 M_{I} 的取值范围为 0~2，参考当前各省调频市场，目前我国市场属于初期运行阶段，M_{I} 暂取 1。调频综合指标 K 与调节速率 K_1、响应时间 K_2、调节精度 K_3 有关，储能的调节速率、调节精度与传统机组相比优势明显，响应时间暂不考虑通信传输滞后与控制系统延迟等因素的影响，响应速度快。调频综合指标 K 计算公式见式（4-7）：

$$K = \left(B_1 \frac{K_1}{K_{1\mathrm{max}}} + B_2 \frac{K_2}{K_{2\mathrm{max}}} + B_3 \frac{K_3}{K_{3\mathrm{max}}} \right) \Big/ A \tag{4-7}$$

式中，K_1、K_2、K_3 分别是储能调节过程中的调节速率（MW/min）、调节精度（MW）、响应时间指标（min）；$K_{1\mathrm{max}}$、$K_{2\mathrm{max}}$、$K_{3\mathrm{max}}$ 是所有机组中调节速率、调节精度、响应时间指标的最大值；B_1、B_2、B_3 分别为各项指标权重，%；A 为综合性能指标调节系数。模拟运行期间 A 暂取 3，B_1、B_2、B_3 各为 1。

由于在额定功率范围内，成熟的储能系统可在极短时间内，以 99% 以上的精度完成指定功率的输出，调节偏差以及延迟等问题将不再出现，故 K_1、K_2、K_3 均取其最大值，即 K 为最大值 1。

储能里程补偿日收益计算公式见式（4-8）：

$$W_{\mathrm{M,d}} = \sum k_f m P C_{\mathrm{F}} \tag{4-8}$$

式中：k_f 为每调度周期（15 min）平均调用次数；m 为储能每次调用的平均调频里程系数；P 为储能额定功率，MW；C_{F} 为储能调频里程价格，元/MW。

（4）备用服务收益。储能处于备用状态，通过参与电网调压调频等取得收入；或者在新能源和水电富集地区平抑波动，改善并网能力取得收入，其计算公式见（4-9）：

$$R_{\mathrm{by}} = \sum_{t=1}^{T} \left(\sum_{i=1}^{365} q_{\mathrm{sac}} Q_{\mathrm{sac}} \right) (1+r)^{-t} \tag{4-9}$$

式中，R_{by} 为备用服务收益，元；q_{sac} 为储能备用补偿电价，元；Q_{sac} 为备用容量，MW；r 为社会贴现率，一般为 6%~8%。

综上，储能侧的经济效益 R_{ESS} 的计算公式见式（4-10）：

$$R_{\mathrm{ESS}} = R_e + R_{\mathrm{tf}} + R_{\mathrm{tp}} + R_{\mathrm{by}} \tag{4-10}$$

式中：R_e 为储能峰谷套利收益，元；R_{tf} 为紧急功率支撑直接收益，元；R_{tp} 为调频补偿直接收益，元；R_{by} 为备用服务收益，元。

2. 对其他主体产生的间接价值

（1）发电侧。

1）促进新能源上网的电量收益，计算公式见式（4-11）：

$$R_{qf} = \eta E_r (q_B - C_M) \qquad (4-11)$$

式中：R_{qf} 为促进新能源上网的电量收益，元；η 为放电电量与参与储能输入电量（包括充电电量、加热所需电量等）之比；E_r 为风-储、光-储电站平均每年在电力系统中未能有效消纳的电量，kWh；q_B 为储能项目所在地区的火电标杆电价，元/kWh；在可再生能源补贴条件下，q_B 为储能项目所在地区的风电、光电标杆电价（为区别，在此情况 q_B 若表示为风电光电，标杆电价则改写为 q_b）；C_M 为风、光生产电能的边际成本，元/kWh。

2）替代系统机组装机容量价值，该部分收入包括替代火电机组调峰、旋转备用、新能源机组备用的装机容量而减少的输配电投资。用等效的储能对火电机组装机容量进行替代，其计算公式见式（4-12）：

$$R_{tf} = \eta C_{fd} P_{max} \qquad (4-12)$$

式中：R_{tf} 为替代系统机组装机容量价值，元；C_{fd} 为系统机组单位容量造价，元/MW；P_{max} 为储能的额定功率，MW。

（2）电网侧。

替代电网投资价值。储能电站能够在短时间内为电网提供负荷支撑，减少电网因时段性缺点进行容量建设的投入。替代价值计量可以根据电网扩容所需投入变压器、变电站及输电线路等设备平均造价确定，其计算公式见式（4-13）：

$$R_{td} = \eta C_d P_{max} \qquad (4-13)$$

式中：R_{td} 为替代系统机组装机容量价值，万元；C_d 为系统机组单位容量造价，元/MW；P_{max} 为储能的额定功率，MW。

（3）用户侧。

供电可靠性是难以直接量化的，实际多采用缺电损失评价方法进行间接估算。本书采用用户的缺电损失衡量供电可靠性，其计算公式见（4-14）：

$$R_{rel} = P_{re} \min\{P_{av}, P_{max}\} T_{re} \qquad (4-14)$$

式中：R_{rel} 为储能提升供电可靠性收益，元；P_{re} 为用户停电补偿价格，元；P_{av} 为用户停电时间内可能的平均用电负荷，kW；P_{max} 为储能的额定功率，MW；T_{re} 为停电时间，h。

（4）社会侧。

1）节煤价值。实际上，储能辅助火电机组调峰，可以降低火电机组的调峰功率，进而减少燃料成本。将储能的等效减少火电机组燃料成本的收入称为节煤价值。其计算公式见式（4-15）：

$$R_{jm} = \sum_{i=1}^{N} E_i P_{\text{fuel}} C_{\text{fuel}} \qquad (4\text{-}15)$$

式中：R_{jm} 为节煤价值，元；P_{fuel} 为单位发电燃料量，t；C_{fuel} 为燃料单价，元/t。

2）污染物减排价值。储能辅助火电机组调峰，可降低火电机组调峰功率，进而减少燃料成本，相当于储能额外获得一部分收入。将储能的等效减少火电机组排污成本的收入称为环境价值。其计算公式见式（4-16）：

$$R_{\text{pw}} = \sum_{k=1}^{K} \eta_{\text{dis}} P_t^{\text{dis}} \alpha_k q_{\text{price}}^k \qquad (4\text{-}16)$$

式中：R_{pw} 为储能系统带来的总污染物减排价值，元；K 为污染物总数；α_k 为单位放电功率下第 k 种污染物排放密度；q_{price}^k 为第 k 种污染物的单位排放费用，元/kg。

4.1.2 火电侧储能

由储能替代火力发电机组参与调频服务，在为电厂带来直接收益的同时，也可增加电网的灵活性，提高电力可靠性，提高电能质量，降低碳排放。火电侧储能的综合价值评估指标体系见表 4-2。

表 4-2　　　　　　　火电侧储能的综合价值评估指标体系

	调频收益
直接效益	节煤收益
	年考核减少收益
	促进新能源上网的电量收益
间接效益	投入储能前后的调频补偿费用差值
	污染物减排价值

1. 直接效益

（1）调频收益。火电侧储能参与调频的价值量化模型见式（4-4）～式（4-8），但与独立储能不同的是，火储联合之后其调节速率、响应时间、调节精度、里程和容量等指标均发生显著的变化。

（2）节煤收益。储能辅助火电机组参与调频服务后，机组响应自动发电控制指令，额定功率的速率由 2%转为 1%。根据速率可计算储能参与调频前后的煤耗差值，节煤收益计算公式见式（4-17）：

$$R_h = Q_d \times \Delta q_d \times r_h \times 10 \tag{4-17}$$

式中：R_h 为总煤耗减少带来的收益，万元；Q_d 为调节期间总发电量，kWh；Δq_d 为 1kWh 电煤耗差值，kg/kWh，r_h 为标准煤价，元/t。

（3）年考核减少收益。针对火储联合调频系统，机组的可用率和调节性能均可达到标准要求，将获得可用率和调节性能考核减少的收益，机组可用率和调节性能考核都采用定额考核方式，考核机组的年考核减少收益计算公式见式（4-18）。

$$R_K = [(98\% - K_A) \times P_N \times \mu_{AGC,A} + (1 - K_P) \times P_N \times \mu_{AGC,P}] \times r_W \times 12 \tag{4-18}$$

式中：K_A 为实测机组可用率，%；P_N 为机组容量，MW；$\mu_{AGC,A}$ 为可用率考核系数（数值为 1）；K_P 为实测机组调节性能；$\mu_{AGC,P}$ 为调节性能考核系数（数值为 2）；r_W 为上网电价，元/kWh。

2. 间接效益

投入储能系统之后，电网频率更加稳定，能够消纳更多风电和光伏出力，减少污染物的排放，然而，实际测算中此部分间接效益难以量化。

投入储能系统，电力系统的调频资源变得更加优质，总调频补偿费用会降低，降低费用为投入储能前后的调频补偿费用差值，其计算公式见（4-19）：

$$R_C = \sum_{i=1}^{n} K_{P1}^i \times D_1^i \times K_b - \sum_{i=1}^{n} K_{P2}^i \times D_2^i \times K_b \tag{4-19}$$

式中：R_C 为总调频减少费用，万元；K_{P1}^i 为未投入储能时机组 i 的综合性能指标，D_1^i 为未投入储能时的机组 i 的调节里程，MW；K_b 为补偿标准，元/MW；K_{P2}^i 为投入储能时机组 i 的综合性能指标；D_2^i 为投入储能时的机组 i 的调节里程，MW。

4.1.3 新能源侧储能

目前，按照《内蒙古光伏发电站并网运行管理实施细则》和《内蒙古风电场并网运行管理实施细则》，新能源场站配置储能系统后所获得的收益主要包括减少的考核费用和增加发电量收益。新能源侧储能的综合价值评估指标体系见表 4-3。

表 4-3 新能源侧储能的综合价值评估指标体系

直接效益	减少脱网考核收益
	减少限光/风时段考核收益

续表

直接效益	减少有功功率控制子站投运率考核收益
	增加的上网电量收益
间接效益	污染物减排价值
	节煤价值
	降低电网耗损成本

1. 直接效益

（1）减少脱网考核收益。按照《内蒙古光伏发电站并网运行管理实施细则》规定，当光伏发电站因自身原因造成光伏发电单元大面积脱网、一次脱网光伏发电单元总容量超过光伏发电站装机容量的 30%，每次按照全场当月上网电量的 1%考核。当风电场因自身原因造成风机大面积脱网，一次脱网风机总容量超过风电场装机容量的 30%，每次按照全场当月上网电量的 1%考核。以光伏发电站为例，其减少脱网考核收益计算公式见式（4-20）：

$$R_{kh1} = 12 \times \mu_{TW} \times 1\% \times W_a \times p_{pv} \tag{4-20}$$

式中：R_{kh1} 为减少脱网考核年度收益，元；μ_{TW} 为当月脱网光伏发电单元总容量超过光伏发电站装机容量的 30%的次数；W_a 为当月上网电量，kWh；p_{pv} 为光伏电站标杆上网电价，元/MW。

（2）减少限光/风时段考核收益。按照细则规定，当需要限制光伏发电站出力时，光伏发电站应该严格执行电网调度机构下达的调度计划曲线（含实时调度曲线），超出曲线部分的电量要列入考核。在华北地区，要求按光伏发电站结算单元从电力调度机构调度自动化系统实时采集光伏发电站的电力，要求在限光时段内实发电力不超过计划电力的 2%。限光时段内实际发电出力超出计划电力的允许偏差范围时，超标部分的积分电量按 2 倍统计为考核电量。当确需限制风电出力时，风电场应严格执行电网调度机构下达的调度计划曲线（含实时调度曲线），超出曲线部分的电量列入考核。电力调度机构调度自动化系统按风电场结算单元实时采集风电场的电力，要求在限风时段内实发电力不超计划电力的 2%。限风时段内实发电力超出计划电力的允许偏差范围时，超标部分电力的积分电量按 2 倍统计为考核电量。以光伏为例，限光时段考核收益计算公式见式（4-21）：

$$R_{kh2} = 12 \times p_{pv} \times 2 \times D_m \times \int_{t=T_1}^{t=T_2} [P_g(t) - 2\% \times P_a(t)] \mathrm{d}t \tag{4-21}$$

式中：R_{kh2} 为减少限光时段考核年度收益，元；$P_g(t)$ 为配置储能后的光伏电

站 t 时刻发电有功功率，MW；$P_a(t)$ 为限光时段 t 时刻调度计划出力，MW；D_m 为每月发生限光的天数，T_1 为当天限光起始时刻，h；T_2 为当天限光结束时刻，h。

（3）减少有功功率控制子站投运率考核收益。按照细则规定，光伏发电站应具备有功功率调节能力，需配置有功功率控制系统，接收并自动执行电力调度机构远方发送的有功功率控制信号（AGC 功能），确保光伏发电站最大有功功率值不超过电力调度机构的给定值。光伏发电站有功功率控制子站上行信息应包含有效容量、超短期预测等关键数据。未在规定期限内完成有功功率控制子站的装设和投运工作，每月按全站当月上网电量 3%考核。对已安装有功功率控制子站的并网光伏发电站进行投运率考核。在并网光伏发电站有功功率控制子站闭环运行时，电力调度机构按月统计各光伏发电站有功功率控制子站投运率。投运率计算公式见式（4-22）：

$$\lambda_{投运} = \frac{子站投运时间}{光伏发电站运行时间} \times 100\% \qquad (4-22)$$

在计算投运率时，扣除因电网原因或因新设备投运期间子站配合调试原因造成的系统退出时间。投运率以 98%为合格标准，全月投运率低于 98%的光伏发电站考核电量计算公式见式（4-23）：

$$投运率考核电量 = \frac{98\% - \lambda_{投运}}{90} \times W_a \qquad (4-23)$$

式中：$\lambda_{投运}$ 为光伏发电站有功功率控制子站投运率；W_a 为当月上网电量。

假设配置储能系统后，光伏电站子站投运率不低于 98%，则收益计算公式见式（4-24）：

$$R_{kh3} = 12 \times p_{pv} \times \frac{98\% - \lambda_{投运}}{90} \times W_a \qquad (4-24)$$

式中：R_{kh3} 为减少有功功率控制子站投运率考核收益，元；W_a 为当月上网电量，kWh。

风电场减少有功功率控制子站投运率考核收益参考上述公式，具体细则与光伏的相同。

（4）增加的上网电量收益。在新能源场站运行中，存在电网调度计划功率大于新能源场站实际发电功率的情况，配置储能系统后，在平抑新能源发电波动性的同时，可以进一步跟踪调度计划曲线，及时满足 AGC 有功功率调度需求，从而间接增加新能源场站上网电量，取得相应收益，计算公式见式（4-25）：

$$R_{sw} = 12 \times p_{pv} \times D_s \times \int_{t=T_3}^{t=T_4} [P_a(t) - P_g(t)] \mathrm{d}t \qquad (4\text{-}25)$$

式中：R_{sw} 为增加的上网电量年度收益，元；D_s 为每月风电/光伏出力无法满足调度计划功率的天数，T_3 为当天起始时刻，T_4 为当天结束时刻。

2. 间接效益

新能源侧投入储能之后产生的间接效益如节煤价值和污染物减排价值等计算公式参考式（4-15）和式（4-16）。降低电网耗损成本年收益计算公式见式（4-26）：

$$R_{ws} = \eta_g \times p_{ele} \times Q_a \qquad (4\text{-}26)$$

式中：R_{ws} 为降低电网损耗成本年收益，元；η_g 为系统运行时电网的损耗率，%；p_{ele} 为当地电价，元/kWh；Q_a 为系统每年的发电量，kWh。

4.1.4　电网侧储能

虽然电网公司投资的电网侧储能不得计入输配电定价成本，但是如果其配置和使用得当，可以通过降低电网运行费用、延缓输配电投资、增加电网供电能力等方面，直接或间接地产生相关效益，提升电网利润水平，同时还能提升新能源消纳和电网供电可靠性。电网投资储能的综合价值评估指标体系见表4-4。

表 4-4　　　　电网投资储能的综合价值评估指标体系

直接效益	减少系统阻塞成本
	延缓电网投资升级收益
	参与电网调峰收益
	降低网损收益
	促进新能源消纳效益
	降低用户限电和供电可靠性效益
	支撑电网安全效益
间接效益	污染物减排价值
	减少的停电损失

1. 直接效益

电网阻塞是指由于电网本身容量的限制，无法满足供电计划，系统在正常运行和事故状态下，线路或主变压器存在有功越限的情况。若通过增加或改造现有输配电设施来解决网络阻塞，则存在建设周期较长或代价过大的问题。此时，可通过在电网关键节点配置灵活性高、建设周期短的储能来缓解系统阻塞，在该场景下，储能为电网带来的经济影响主要为减少网络阻塞成本和延缓电网投资收益两方面。

（1）减少系统阻塞成本。电网通过加装储能减少的系统阻塞成本计算公式见式（4-27）、式（4-28）：

$$R_{\text{block}} = \sum_{t=1}^{T}\left(\int \Delta P_{\text{L},t}dtL_t\right) \tag{4-27}$$

$$\begin{cases} \Delta P_{\text{L},t} = P_{\text{L},t} - \alpha P_{\text{lim}} \\ P_{\text{L},t} = P_{\text{load},t} - P_{\text{G},t} - P_{\text{sto},t} - P_{\text{loss},t}, \forall t \in T \end{cases} \tag{4-28}$$

式中：$\Delta P_{\text{L},t}$ 为 t 时刻系统的功率变化量，MW；$P_{\text{L},t}$ 为考虑储能充放电功率后的断面有功功率，MW；$P_{\text{load},t}$、$P_{\text{G},t}$、$P_{\text{sto},t}$、$P_{\text{loss},t}$ 分别为 t 时刻断面内负荷需求、电源出力、储能充放电功率、网损；P_{lim} 为线路潮流极限值；L_t 为 t 时刻单位停电损失费用，万元；α 为预控负荷比例（即调度运行允许线路或者主变控制的最高负载率，$\alpha \leq 1$）；T 为统计周期。

（2）延缓电网投资收益。电网通过配置储能来延缓输配电设施建设投资获得的财务收益，计算公式见式（4-29）、式（4-30）：

$$R_{\text{def}} = P_{\text{inf}}e_{\text{inf}}\left(1 - \frac{1}{e^{\Delta N \times p}}\right) \tag{4-29}$$

$$\Delta N = \frac{\ln(1+\lambda)}{\ln(1+\tau)} \tag{4-30}$$

式中：R_{def} 为延缓电网投资收益，万元；P_{inf} 为储能延缓电网扩建的容量，MWh；e_{inf} 为单位扩建容量的费用，万元/MWh；p 为年利率；ΔN 为配置储能延缓电网升级的年数；τ 为峰值负荷的年度增长率；λ 为储能系统的削峰率。

在储能缓解电网阻塞场景下，考虑储能为系统减少的网络阻塞成本 R_{block}、延缓投资收益 R_{def} 及储能成本 R_{sto} 后，电网的总收益计算公式见式（4-31）：

$$\begin{aligned} R_{\text{s1}} = Q_{\text{S}}\left(p_{\text{s}} - \frac{1}{1-\eta}p_{\text{b}}\right) + \left[P_{\text{inf}}e_{\text{inf}}\left(1 - \frac{1}{e^{\Delta Np}}\right)\right] \\ - \left[C_{\text{f}} - \sum_{t=1}^{T}\left(\int \Delta P_{\text{L},t}dtL_t\right)\right] - C_{\text{sto}} \end{aligned} \tag{4-31}$$

式中：R_{sto} 为储能系统的总投资成本和运行成本。

（3）参与电网调峰收益。虽然电网投资的储能不能直接纳入输配电成本，但可通过电网统一调度，参与电网调峰平衡，发挥间接性等效收益，主要包括两方面：①可以顶替部分高成本（比如气电、煤电深度调峰等）的调峰电源调用，降低电网的平均购电成本；②在电网高峰，调峰容量缺额较大，通过放电支撑系统高峰负荷需求，减少负荷侧限电，带来增供电量收益。在此场景下的电网收益计算公式见式（4-32）：

$$R_{s2} = (Q_s + \Delta Q_s)\left(p_s - \frac{1}{1-\eta} p_b'\right) - C_f \qquad (4\text{-}32)$$

式中：p_b' 为电网配置储能参与调峰后的平均购电价，万元；ΔQ_s 为储能通过放电支撑系统高峰负荷需求，减少负荷侧限电带来的增供电量，MWh。

（4）降低网损收益。储能通过"低充高放"，负荷低谷时充电增加系统网损，负荷高峰时放电减少系统网损，但总体上储能造成的网损减少量大于网损增加量。因此，整体上电网网损降低，电网售电量增加，收益增加，此场景下的收益计算公式见式（4-33）和式（4-34）：

$$R_{s3} = (Q_s + \Delta Q_{loss})\left(p_s - \frac{1}{1-\eta'} p_b\right) - C_f \qquad (4\text{-}33)$$

$$\eta' = \frac{Q_b - (Q_s + \Delta Q_{loss})}{Q_b} \qquad (4\text{-}34)$$

式中：ΔQ_{loss} 和 η' 分别为电网安装储能后系统减少的网损电量，MWh 和网损率，%。

（5）促进新能源消纳效益。储能装置响应速度快，充放电灵活，可及时响应以平抑新能源波动性，因此在未来新型电力系统中，电池储能将成为主要灵活性资源。

目前我国的储能项目运营模式主要有合同能源管理和融资租赁模式。在目前政策和市场环境下，储能投资成本较大，电网可承担储能电站的设计、建设，其他相关设备以及电站运维成本；储能企业向电网租赁核心设备并承担租赁期内核心设备的运维、检修工作；新能源场站可通过购买服务向电网支付费用。通过采取储能电站共享租赁模式，可大大降低储能设备投资成本，缓解"无人愿意为配置储能买单"的尴尬局面，促进电网新能源消纳，支撑电网安全运行。同时，电网也可以收回一定的建设成本，此模式下有很大的盈利空间。电网投资的储能可通过租赁模式收回建设成本，此场景下的电网收益计算公式见式（4-35）：

$$R_{s4} = Q_s\left(p_s - \frac{1}{1-\eta}p_b\right) + V_{ser,rt} - C_f - (C_{sto,cons} + C_{sto,rt}) \tag{4-35}$$

式中：$V_{ser,et}$ 为电网向新能源场站租售储能系统使用权获得的收益，万元；$C_{sto,cons}$ 为电网建设储能电站及相关设备的投资成本，万元；$C_{sto,rt}$ 为电网向储能企业租赁关键储能设备的租赁成本，万元。

（6）降低用户限电和供电可靠性效益。系统中某些重要用户对供电可靠性的要求较高，系统一旦出现故障导致负荷失电，将会造成不同程度的经济损失甚至事故。若要通过新建电源或大容量的外送电源通道缓解区域供电压力，通常会受限于建设成本、建设周期及施工条件。因此，在缺乏电源支撑的负荷中心配置储能，不仅建设周期短、配置灵活，且响应速度快，可以在关键时刻支撑系统电压稳定，或作为重要负荷的备用电源或不间断电源，减少停电损失，提高供电可靠性。该场景下，电网可降低用户侧限电频率，增加供电量，电网收益随之增加，收益计算公式见式（4-36）：

$$R_{s5} = (Q_b + \Delta Q_b)[p_s(1-\eta) - p_b] - C_f \tag{4-36}$$

式中：ΔQ_b 为系统配置储能后电网避免的停电电量，kWh。由于第 3 类负荷用电行为受电价影响较大，假设实时电价为 λ_t，用户临界低电价和高电价分别为 λ_L、λ_H，则有：$\lambda_t < \lambda_L$ 时，用户用电行为不受电价影响；$\lambda_t > \lambda_H$ 时，负荷需求取最低值；$\lambda_L \leq \lambda_t \leq \lambda_H$ 时，用户用电行为受电价和其他因素影响。假设系统可靠性受到威胁，电网对第 3 类负荷采取限电措施，考虑需求侧响应，则在时间段（t_1，t_2），这部分减供电量的计算公式见式（4-37）：

$$\Delta Q_b = \begin{cases} \int_{t_1}^{t_2} P_{L,t}^3 \mathrm{d}t, \lambda_t < \lambda_L \\ \int_{t_1}^{t_2} P_{L,t}^3(\lambda_t, y)\mathrm{d}t, \lambda_L \leq \lambda_t \leq \lambda_H \\ \int_{t_1}^{t_2} P_{L0}^3 \mathrm{d}t, \lambda_t > \lambda_H \end{cases} \tag{4-37}$$

式中：$P_{L,t}^3$ 为 t 时刻（$t_1 < t < t_2$）的第 3 类负荷需求功率，MW；P_{L0}^3 为时间段 $t_1 \leq t \leq t_2$ 内的最小负荷需求；y 为除电价外的会影响负荷用电行为的其他因素。

（7）支撑电网安全效益。较传统电网输配电设施，储能尤其是电化学储能的成本优势是：其建设规模能够依据需求容量的动态变化，分阶段逐步投入，灵活的投资过程所产生的成本可看作功率或电量需求的连续变量，成本回收途径灵活多样。电网侧储能系统可替代传统电网为维持系统稳定运行的相关投资建设，如参与频率稳定的一次调频辅助设备、支撑局部电压稳定投资的无功补偿设备、系统备用电源及黑启动电源等工程投资。通过综合考虑技术、效用、经济及环境等因素，将问题转变为多目标优化建模及求解，并进行方案比选，形成可替代方案，减少投资成本。上述场景下的电网收益计算公式见式（4-38）：

$$R_{s6} = Q_s\left(p_s - \frac{1}{1-\eta}p_b\right) - (C_t - \Delta C_t) \tag{4-38}$$

式中：ΔC_t 为电网侧储能替代传统维持系统稳定运行的相关投资所减少的投资成本，万元。

2. 间接效益

（1）一定程度上替代了传统化石燃料类的灵活性资源，减少污染物排放，产生环境效益。

（2）减少用户侧限电次数、时长，支撑大工业用户合理降低用电成本，一定程度上增加用电可靠性，利于制造业和经济发展。

4.1.5 用户侧储能

本书选取采用两部制计价的大工业用户，建立适用于大工业用户侧电池储能系统的成本与收益模型，用于全面计算此系统的各类成本与收益；大工业用户侧储能虽然在理论上经济性较好，但在实际运行中能量转换效率、寿命等重要参数可能难以达到可研的测算条件，内部收益率将会低于预期测算。另外，随着未来电价机制的完善，用户侧储能收益将不再只依据动态的峰谷价差，还会与市场需求联系密切。因此，大工业用户侧储能的发展不仅要有削峰填谷套利，还要积极投身于电力系统中寻找新的盈利模式。用户侧储能的综合价值评估指标体系见表 4-5。

表 4-5 用户侧储能的综合价值评估指标体系

直接效益	减少变压器容量收益
	减少基本电费收益
	减少电量电费收益
	减少的停电损失
间接效益	替代电网投资价值
	污染物减排价值

1. 直接效益

（1）减少变压器容量收益。采用专用变压器供电的大工业用户，通常根据自身最大负荷确定专用变压器容量，若建设储能系统，则可减少专用变压器的容量，减少变压器容量收益计算公式见式（4-39）、式（4-40）：

$$R_{byq} = C_{by}(S_{by} - S'_{by}) \tag{4-39}$$

$$\frac{S_{by}}{S'_{by}} = \frac{P_{max}}{P_{max} - P_{rat}} \tag{4-40}$$

式中：R_{byq} 为减少变压器容量而节省的费用，万元；C_{by} 为专用变压器单位容量造价，元/kVA；S_{by} 为没有储能时的变压器规划容量，kVA；S'_{by} 为增加储能后的变压器规划容量，kVA；P_{max} 为不安装储能装置时用户最大计算负荷，kW。

（2）减少基本电费收益。大工业用户采用两部制电价。本书基本电费采用按变压器容量计费的方式，对于新投产用户来说，若安装储能系统，变压器规划容量可适当降低，也就相应减少了用户每月所交纳基本电费，每年减少的基本电费 R_{df} 计算公式见式（4-41）：

$$R_{df} = 12(S_{by} - S'_{by})Q_{by} \tag{4-41}$$

式中：Q_{by} 为按变压器容量收取的基本电价，元/（kVA·月），价格按月计算。

（3）减少电量电费收益。峰谷分时电价应用于用户侧储能系统之后，用户侧利用储能装置在低谷时充电，在高峰时放电，从而实现峰谷价差套利，减少电量电费。年价差收益 R_{nj} 计算公式见式（4-42）～式（4-44）：

$$R_{nj} = \sum_{n=1}^{N}(Q_d E_{dn} - Q_c E_{cn}) \tag{4-42}$$

$$E_{cn} = \frac{E_{rat}(1-d)^{n-1}}{\eta} \tag{4-43}$$

$$E_{dn} = E_{rat}(1-d)^{n-1} \tag{4-44}$$

式中：Q_d 为放电电价，元；Q_c 为充电电价；d 为设备衰减率，%；E_{cn} 为第 n 年的充电电量，kWh；E_{dn} 为第 n 年的放电电量，kWh。

（4）减少的停电损失。用户的缺电损失计算公式同式（4-14）。

2. 间接效益

（1）替代电网投资价值。替代价值计量计算公式同式（4-13）。

（2）污染物减排价值。将储能的等效减少火电机组排污成本的收入称为环境价值，其计算公式同式（4-16）。

4.2 储能参与辅助服务综合价值评估框架及方法

4.2.1 综合价值评估框架

目前，中国储能项目的建设成本还比较高，辅助服务容量市场并未形成，投资者通过提供辅助服务获取收益，还难以实现投资收益平衡。可放电价格是影响投资者商业模式选择和投资的核心参数。不同的投资主体，对应用功能和价值的需求不同，致使储能项目的应用场景存在差异。储能综合效益评估指标体系使用包括以下步骤：一是明确需求，进行单一层面评价或者多个层面评价；二是根据需求选取关键指标；三是计算各个指标的数值；四是设置指标权重；五是获得评价结果。

评估方法首要是建立整体的指标评估体系，再将评估指标细化并赋予相应的权重，最后通过评估函数得到项目整体的评估结果。目前，指标权重的确定方法有环比评分主观赋权法和熵权客观赋权法。为了兼顾可量化与不可量化的不同评价指标，使评估结果更为系统、全面、准确，本书采用最小二乘法来确定权重，各指标的综合权重见式（4-45）。

$$W = (W_1, W_2, W_3, W_4, W_5) \qquad (4\text{-}45)$$

式中：W_1 表示独立储能综合价值权重；W_2 表示火电侧储能综合价值权重；W_3 表示新能源侧储能综合价值权重；W_4 表示电网侧储能综合价值权重；W_5 表示用户侧储能综合价值权重。

4.2.2 环比评分主观赋权法

环比评分法（decision alternative ratio evaluation，DARE）是一种主观赋权评估的方法，该方法依据专家经验得到每个指标的重要系数进而确定各指标权重。在运用 DARE 法的过程中，专家只需将各指标与相邻的上下指标进行比较，不需要与全部的要素进行对比。理论表明，DARE 法与层次分析法相比，评价专家需要确定的评价值数量较少，不容易产生判断上的矛盾，不需要经过一致性检验。DARE 法确定各指标权重的步骤如下：

（1）将评价指标以任意顺序填入下表第 1 列，并将其编号为 $U_1 \sim U_K$，其中，K 为评价指标的个数。评价指标重要性系数 X_k 的确定见表 4-6。

表 4-6 　　　　　　　评价指标重要性系数 X_k 的确定

评价指标	暂定系数	修正系数	权重
U_1	A_1	Y_1	X_1
U_2	A_2	Y_2	X_2
...	...	...	...
U_K	A_K	Y_K	X_K
合计	—	$\sum\limits_{k=1}^{K} Y_k$	$\sum\limits_{k=1}^{K} X_k = 1$

（2）根据专家经验，将上表第 1 列的相邻评价指标由上至下进行重要性比较，所得比分记作暂定系数 A_k（$k=1\sim K$，表示第 k 个评价指标），加入第 2 列。A_k 表示 U_k 和 U_{k+1} 的重要性之比。

（3）对表第 2 列的暂定系数 A_k 进行修正，结果记作修正系数 Y_k（$k=1\sim K$，表示第 k 个评价指标），填入第 3 列。修正方法为将最后一个对象 Y_K 的修正系数定为 1，那么 $Y_{K-1}=Y_K A_{K-1}$，$Y_{K-2}=Y_{K-1}A_{K-2}$，以此类推，求出各修正系数。

（4）将第 3 列的修正系数 Y_k 进行归一化处理，结果计作权重，填入第 4 列。归一化方程见式（4-46）：

$$X_k = \frac{Y_k}{\sum_{k=1}^{K} Y_k} \tag{4-46}$$

4.2.3 熵权客观赋权法概述

熵权法是基于熵原理的一种确定权重的方法，它是依据各评价指标所包含信息量的多少判断权重的客观赋权法。指标的熵值越小，所提供的信息越多，指标越重要，对应的权重值也越大。

假设评价对象有 M 个，评价指标有 K 项，利用熵权法确定权重的步骤如下：

（1）根据原始数据确定评价矩阵 $R=(r_{mk})_{M\times K}$，r_{mk} 为第 m 个评价对象的第 k 个指标的值。其中，$m=1,2,\cdots,M$；$k=1,2,\cdots,K$。矩阵形式见式（4-47）：

$$R = \begin{pmatrix} r_{11} & \cdots & r_{1K} \\ \vdots & \ddots & \vdots \\ r_{M1} & \cdots & r_{MK} \end{pmatrix} \tag{4-47}$$

（2）指标具有不同约性，故对评价矩阵进行一致化和标准化处理，得到标准化矩阵 $S=(s_{mk})_{M\times K}$。指标标准化方法见式（4-48）：

$$s_{mk} = r_{mk} / \sum_{m=1}^{M} r_{mk} \tag{4-48}$$

（3）各评价指标的熵见式（4-49）：

$$E_k = -\frac{\sum_{m=1}^{M} s_{mk} \ln s_{mk}}{\ln M} \tag{4-49}$$

当 $s_{mk}=0$ 时，令 $s_{mk}\ln s_{mk}=0$。

（4）定义第 k 个评价指标的差异系数见式（4-50）：

$$\lambda_k = 1 - E_k (k=1,2,\cdots,K) \tag{4-50}$$

（5）第 k 个评价指标的熵权见式（4-51）：

$$V_k = \frac{\lambda_k}{\sum\limits_{k=1}^{K} \lambda_k} (k=1,2,\cdots,K) \tag{4-51}$$

熵权 V_k 体现了指标所含信息量的多少，熵权反映了指标的重要程度，值越大表示该指标在评价体系中所起的作用越大。

4.2.4 最小二乘法优化模型

假设用环比评分主观赋权法求出的权重见式（4-52）：

$$X = [X_1, X_2, \cdots, X_K]^T \tag{4-52}$$

使用客观赋权熵权法求出的权重见式（4-53）：

$$V = [V_1, V_2, \cdots, V_K]^T \tag{4-53}$$

为了同时考虑主观经验偏好以及客观数据信息的真实性，实现主观和客观的统一，应使最终求得的综合权重与主观、客观权重偏差越小越好。为此，建立最小二乘法优化模型见式（4-54）：

$$\begin{cases} \min H(W) = \sum\limits_{m=1}^{M} \sum\limits_{k=1}^{K} \{[(X_k - W_k)s_{mk}]^2 + [(V_k - W_k)s_{mk}]^2\} \\ \text{s.t.} \sum\limits_{k=1}^{K} W_k = 1 \\ W_k \geqslant 0, k=1,2,\cdots,K \end{cases} \tag{4-54}$$

式中：W_k 为综合权重；X_k 为主观权重；V_k 为客观权重；s_{mk} 为指标标准化后的指标。

根据已确定的权重，以火电侧储能为例，对储能联合调频综合效益进行评估。评估计算见式（4-55）：

$$R_Z = W_1 \cdot R_1 + W_2 \cdot R_2 + \cdots + W_n \cdot R_n \tag{4-55}$$

式中：R_Z 为储能参与辅助服务的综合价值，$R_1, R_2, \cdots, R_n$ 分别表示 1 到 n 个评价指标的值。

4.3 综合价值评估算例

4.3.1 独立储能综合价值

为验证本书所提指标和评估方法的有效性，以某 10MW/10MWh 锂电池储能系统的运行效益数据进行分析，收益测算依据蒙西地区的补偿原则进行。根据第三章的研究可以得出，磷酸铁锂电池储能全生命周期总成本现值为 2500 万元左右，每年的运维费用大约占总固定成本的 1% 左右。

（1）峰谷差套利收益。根据内蒙古自治区发展和改革委员会关于《蒙西电网试行分时电价政策有关事项的通知》（内发改价费字〔2021〕1130号），充分考虑蒙西电网新能源发电出力波动、净负荷曲线变化特性，根据电力供需状况和季节负荷特性，将每年 1—5 月、9—12 月划分为大风季，6—8 月划分为小风季，将每日用电划分为峰、谷、平时段。大风季（1—5 月、9—12月）峰时段 4 小时：17:00—21:00，平时段 11 小时：4:00—10:00、15:00—17:00、21:00—24:00，谷时段 9 小时：0:00—4:00、10:00—15:00。小风季（6—8 月）峰时段 6 小时：5:00—7:00、17:00—21:00，平时段 13 小时：7:00—10:00、15:00—17:00、21:00—次日 5:00，谷时段 5 小时：10:00—15:00。大风季峰平谷交易价格比为 1.48:1:0.79，平段价格为平时段平均交易价格，峰段在平段价格的基础上再上浮 48%，谷段在平段价格的基础上下浮 21%。小风季峰平谷交易价格比为 1.48:1:0.47，平段价格为平时段平均交易价格，峰段在平段价格的基础上再上浮 48%，谷段在平段价格的基础上下浮 53%。每年 6—8 月实施尖峰电价，尖峰时段为每日 18:00—20:00，尖峰电价在峰段价格基础上再上浮 20%。

综上可知，若储能在小风季进行充放电，则可以获得的峰谷差为 0.49 元/kWh，峰平差为 0.29 元/kWh。设峰谷差套利经历了 90 天，按照"两充两放"的模式，则全年峰谷差套利收益为 51 万元左右。

（2）紧急功率支撑收益。储能在蒙西地区紧急功率支撑方面的价值无法得到充分的市场化体现，故紧急功率支撑收益为 0。

（3）调频辅助服务收益。假设储能参与调频被调用的时候，平均等效为每 5 分钟调用一次，每次调用比例 m 为 0.7，取 k_f 为 3，根据华北区域某省调频市场的出清结果，取调频市场的出清价格为 12 元/MW，每年除小风季参与调峰外，其余时间参与调频，总共运行 240 天。根据测算，储能电站参与调频辅助服务可获的年收益为 589 万元左右。

（4）备用服务收益。蒙西地区的备用辅助服务市场仍处于初期运行阶段，相关规则和市场机制尚未完全成熟，导致储能参与备用服务的收益难以体现，故备用服务收益为 0。

（5）促进新能源上网的电量收益。假设在大风季通过储能充电减少弃风量，此时储能自身的充电成本可以忽略不计，陆上风电标杆电价为 0.44 元/kWh，边际价格为 0.26 元/kWh，总共运行 240 天。根据测算，该储能电站通过有序充电可获的年收益为 40 万元左右。

（6）替代系统机组装机容量价值。据测算，假设用等效的储能对火电机组装机容量进行替代，单位可免容量成本为 700 元/（kVA·a），则年机组可避免装机容量收益为 630 万元左右。

（7）替代电网投资价值。据测算，假设用储能替代调峰机组，单位可免容量成本为 1200 元/（kVA·a），则电网侧的可避免输配电线路投资收益为 1080 万元左右。

（8）减少的停电损失。用户侧的收益主要以可避免的用户的缺电损失来衡量。假设将用户的停电价值用江苏省的需求响应补贴标准估算，为 12 元/（kW·次），假设一年平均停电时间为 6 小时。据测算，用户侧的年可避免缺电损失为 65 万元左右。

（9）节煤价值。假设煤炭价格为 900 元/t，机组每年有效利用时间为 4000h，额定容量为 300MW，煤耗差按 3kg/MWh 计算，则减少的煤耗为 300×4000×3/1000=3600t。据测算，投入一套储能系统参与调峰和调频等辅助服务之后每年减少的煤耗为 3600t，可以减少的年煤炭价值为 324 万元。

（10）污染物减排价值。储能参与电网调频和调峰后，通过减少火电机组调频和调峰的参与度而降低煤耗，减少了污染物的排放，从而获得污染物减排价值。消耗 1kg 煤排放的污染物量见表 4-7，污染物主要包括 CO_2、SO_2、NO_x，其中 CO_2 的含量约占 95%。

表 4-7　　　　　　　　　　1kg 煤所排放的污染物

污染物种类	污染物排放量（kg）	排放收费标准（元/kg）
CO_2	2.4925	0.160
SO_2	0.075	20
NO_x	0.0375	0.6316

据测算，因煤耗减少而带来的污染物减排效益为：（2.4925×0.160+0.075×20+0.0375×0.6316）×3600×1000/10000=692（万元）。

（11）综合价值评估。结合主客观权重通过采用最小二乘法计算，得到根据以上测算，投入 10MW/10MWh 的储能系统的各项指标综合权重，见表 4-8。

表 4-8　　　　　　　　　　独立储能评价指标权重

指标名称	主观权重	客观权重	综合权重
峰谷差套利收益（调峰收益）	0.1564	0.2368	0.0908

续表

指标名称	主观权重	客观权重	综合权重
调频服务收益	0.3127	0.3185	0.1604
紧急功率支撑收益	0.1564	0.1924	0.5126
备用服务收益	0.1042	0.1706	0.1010
替代系统机组装机容量价值	0.0293	0.0136	0.0147
促进新能源上网的收益	0.0195	0.0138	0.0095
节煤价值	0.0347	0.0135	0.0174
替代电网投资价值	0.0391	0.0136	0.0195
污染物减排价值	0.0695	0.0135	0.0347
减少的停电损失	0.0782	0.0137	0.0391

基于上表得到独立储能获得的综合价值为 162 万元左右。

4.3.2 火电侧储能综合价值

为验证本书所提指标和评估方法的有效性，以华北区域电网某省网已实现挂网运行的某 9MW/4.5MWh 锂电池储能系统辅助 300MW 火电机组参与电网调频的运行效益数据进行分析，火储联合调频系统的收益测算依据该省网的补偿原则进行。

1. 储能联合调频项目成本计算

（1）设备成本。设备成本主要为电池系统成本，本系统中，电池储能系统、能量转换系统以及相关的集装箱等设备，合计 3000 万元，控制系统合计 500 万元，设备成本总计 3500 万元。

（2）基建成本。基建成本主要为必要的电缆、钢板购买费用，施工费用等，本项目此部分成本合计 500 万元。

（3）运营成本。运营成本主要为电费成本、设备维护成本以及日常运营费用，其中电费成本全年约为 100 万元，日常运营费用全年约为 100 万元，设备维护成本及更换成本第一年为 0，第二年开始按每年 100 万元计。储能联合调频项目成本见表 4-9。

表 4-9　　　　　　　　储能联合调频项目成本

项目成本	类　型	成本（万元）	总计成本（万元）
设备成本	电池储能系统、能量转换系统以及相关的集装箱等设备	3000	总计 3500
	控制系统	500	

项目成本	类　　型	成本（万元）	总计成本（万元）
基建成本	必要的电缆、钢板购买费用，施工费用等	500	500
运营成本	电费成本	100	300（第二年以后）
	日常运营费用	100	
	设备维护成本及更换成本	100	

2. 储能联合调频项目收益计算

（1）根据仿真结果以及实际项目测试值显示，储能联合调频系统运行过程中，项目的综合性能指标平均值约为 4.7，日均调节深度约为 1000MW，调频补偿标准受市场政策影响很大，经历了 5~10 元/MW 的大幅波动，设全年运行 300 天，取 5、10 元/MW 分别计算调频补偿收益。

$$R_{E1} = 4.7 \times 1000 \times 5 \times 300 / 10000 = 705（万元）$$

基于式（4-5），计算可得调频补偿标准为 5 元/MW 时的调频补偿收益为 705 万元。

$$R_{E2} = 4.7 \times 1000 \times 10 \times 300 / 10000 = 1410（万元）$$

调频补偿标准为 10 元/MW 时的调频补偿收益为 1410 万元。

（2）煤耗减少收益计算。假设机组每年有效利用时间为 4000h，额定容量为 300MW，煤耗差按 3kg/MWh 计算，则减少的煤耗为 3600t。

$$m_h = 300 \times 4000 \times 3 / 1000 = 3600（万元）$$

取标准煤价格 600 元/t，基于式（4-15）计算可得煤耗减少收益为 216 万元。

$$R_h = 3600 \times 600 / 10000 = 216（万元）$$

（3）考核减少收益计算。实测火电机组的可用率为 50%，调节性能为 0.5，取机组容量为 300MW，上网电价为 0.2829 元/kWh。基于式（4-18），计算可得年考核减少收益为 150.7 万元。

$$R_K = [(98\% - 50\%) \times 300 \times 1 + (1 - 0.5) \times 300 \times 2]$$
$$\times 0.2829 \times 1000 \times 12 / 10000 = 150.7（万元）$$

（4）总调频费用减少收益计算。根据电力系统实际运行数据，未投入储能前，共有 30 台火电机组参与调节，一年的总调频费用为 70740 万元。项目实测表明，一套储能联合调频系统的调节效果相当于 2 台性能较差的火电机组，因此 1 套储能联合调频系统（10MW 储能+300MW 机组）的投用，可减少 2 台性能靠后的 300MW 的机组。储能参与调频后的全年补偿总费用为 69913 万元。

$$R_D = 69913（万元）$$

因此，系统全年总调频减少费用为 827 万元。

$$R_C = 70740 - 69913 = 827（万元）$$

（5）环境效益计算。投入一套储能联合调频系统后，每年减少的煤耗为 3600t，消耗 1kg 煤排放的污染物量见表 4-10，污染物主要包括 CO_2、SO_2、NO_x，其中 CO_2 的含量约占 95%。

表 4-10　　　　　　　　　　1kg 煤所排放的污染物

种　　类	污染物排放量（kg）	排放收费标准（元/kg）
CO_2	2.4925	0.160
SO_2	0.075	20
NO_x	0.0375	0.6316

基于式（4-16）和表 4-10，计算因煤耗减少带来的环境效益为 692 万元。

$$R_S = (2.4925 \times 0.160 + 0.075 \times 20 + 0.0375 \times 0.6316)$$
$$\times 3600 \times 1000 / 10000 = 692（万元）$$

根据以上计算，当调频补偿标准为 5、10 元/MW 时，投入 1 套储能联合调频系统后的各项效益见表 4-11。可知，当调频补偿标准不同时，只有调频补偿收益发生变化，考核减少收益、发电煤耗减少收益、总调频费用减少收益及环境收益均不发生改变。

表 4-11　　　　　　　　　　储 能 系 统 效 益

项目收益（万元）	调频补偿标准	
	5 元/MW	10 元/MW
调频补偿收益	705	1410
考核减少收益	150.7	150.7
发电煤耗减少收益	216	216
总调频费用减少收益	827	827
环境效益	692	692

3. 储能联合调频项目综合效益评判

（1）综合效益计算。采用最小二乘法计算，得到的指标权重 W 为

$$W = (0.4379, 0.2423, 0.0936, 0.0865, 0.1398)^T$$

基于储能系统参与辅助服务 t 时段的充电成本，通过计算调频补偿标准分别为 5 元/MW 与 10 元/MW 时的情况，得出储能联合调频系统的各项效益以及指标权重所对应的综合效益。

$$\begin{aligned} R_{Z1} &= 705 \times 0.4379 + 150.7 \times 0.2423 \\ &\quad + 216 \times 0.0936 + 827 \times 0.0865 + 692 \times 0.1398 \\ &= 533.72 \,(万元) \end{aligned}$$

调频补偿标准为 5 元/MW 时的系统综合效益为 533.72 万元。

$$\begin{aligned} R_{Z2} &= 1410 \times 0.4379 + 150.7 \times 0.2423 \\ &\quad + 216 \times 0.0936 + 827 \times 0.0865 + 692 \times 0.1398 \\ &= 842.45 \,(万元) \end{aligned}$$

调频补偿标准为 10 元/MW 时的系统综合效益为 842.45 万元。

储能联合调频系统的投入会给系统带来增长的综合效益，因此在需求量饱和之前，可以尽量增加储能联合调频系统的数量，给电网带来更多的综合效益。

（2）财务指标计算。在实际运行过程中，发电侧煤耗减少收益、考核减少收益以及电网等其他附带的效益并不能得到落实，因此仅从储能联合调频系统获得的调频补偿收益出发，计算投资回收期。

假设设备投资发生在第 0 年，以总净收入计算投资回收期，考虑时间成本，计算动态投资回收期 T'，动态投资回收期计算公式见式（4-56）：

$$\left(\sum_{j=1}^{T'} R_{ESS}^j - C_{total} \right)(1+r)^{-j} = 0 \tag{4-56}$$

式中：C_{total} 为项目总投资，元；R_{ESS}^j 为第 j 年储能设备的税后总收入，元；r 为年贴现率，%。

项目按 10 年寿命期进行计算，基于综合扰动性分析方法计算项目的动态投资回收期。

1）调频补偿标准为 5 元/MW 时的动态投资回收期计算。调频补偿标准为 5 元/MW 时，项目的财务净现值为 −3110.25 万元。项目的投资收益情况见表 4-12，第 1 年净收入为 505 万元，2～10 年每年净收入为 405 万元。以当前储能系统使用寿命为 10 年算，其处于亏损的状态，项目不具备经济性。

2）调频补偿标准为 10 元/MW 时的动态投资回收期计算。调频补偿标准为 10 元/MW 时，项目的财务净现值为 1620 万元，财务内部收益率为 15.01%。

项目的投资收益情况见表 4-13，第 1 年净收入为 1210 万元，第 2～10 年每年净收入为 1110 万元，项目的投资回收期为 6.5 年。

调频补偿标准的增大会减少项目投资回收期，如果长期调频补偿标准保持在较低的水平（如 5 元/MW），则该项目的投资回收情况并不乐观。然而，通过调整调频补偿价格可得到，当调频补偿价格为 8.29 元/MW 时，该项目净现值为 0，内部收益率为 8%，动态投资回收期为 10 年。因此，8.29 元/MW 的补偿标准为盈亏的临界点，若补偿低于该值将不具备投资经济性。

表 4-12 调频补偿标准为 5 元/MW 时的项目投资收益情况 单位：万元

年 份	1	2	3	4	5	6	7	8	9	10
年总收益	705	705	705	705	705	705	705	705	705	705
营业成本	200	300	300	300	300	300	300	300	300	300
电 费	100	100	100	100	100	100	100	100	100	100
日常运营费用	100	100	100	100	100	100	100	100	100	100
设备维护及更换	0	100	100	100	100	100	100	100	100	100

表 4-13 调频补偿标准为 10 元/MW 时的项目投资收益情况 单位：万元

年 份	1	2	3	4	5	6	7	8	9	10
年总收益	1410	1410	1410	1410	1410	1410	1410	1410	1410	1410
营业成本	200	300	300	300	300	300	300	300	300	300
电 费	100	100	100	100	100	100	100	100	100	100
日常运营费用	100	100	100	100	100	100	100	100	100	100
设备维护及更换	0	100	100	100	100	100	100	100	100	100

综上，基于储能调频应用在发电侧、电网侧及储能运营侧等各方的价值获利点，从项目经济、社会和环境等几个维度建立了运行效益评估内容与指标，形成评估体系，建立了可量化指标的评估模型，提出了可减少主、客观权重决策偏差的评估方法。

通过算例得出，在电网配置 9MW/4.5MWh 的储能联合调频系统投入前后，当调频补偿标准为 5、8.29 元/MW 和 10 元/MW 时，系统每年的综合效益分别为 533.72 万、736.9 万元和 842.45 万元，储能联合调频系统在调频性能优化的同时还能带来经济效益。

同时，上述储能调频系统每年能给电网减少 8725 万元的调频支出，当调频补偿标准为 8.29 元/MW 和 10 元/MW 时项目的动态投资回收期分别约为 10 年和 6.5 年，8.29 元/MW 的补偿标准为盈亏的临界点，若补偿低于该值将不具备投资经济性。

4.3.3 新能源侧储能综合价值

新能源侧储能综合价值可分为直接价值与间接价值，间接价值难以量化，不能直接获利，所以在本文实例分析中忽略间接效益，只考虑直接效益。

某光伏电站装机为 140MW，年发电小时数为 1700h，月发电天数为 24d，日发电小时数为 10h，其某典型日发电功率曲线见图 4-2。

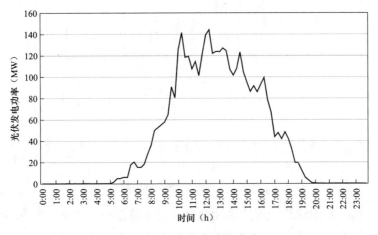

图 4-2 光伏发电功率曲线

1. 平抑功率波动配置需求分析

由于光伏发电的不稳定性，对天气、温度等条件的严重依赖性，实际光伏发电曲线是具有一定的波动性，平滑光伏发电曲线见图 4-3。

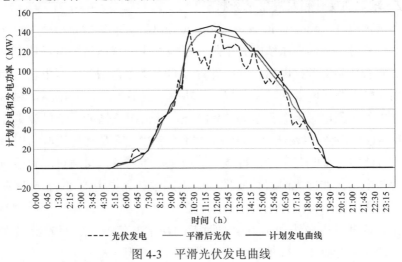

图 4-3 平滑光伏发电曲线

根据上述曲线，得到其功率差额的绝对值分布情况，见图4-4。根据功率差额分布情可见，功率差额最大值为 3MW，但达到该功率的时刻占比较少，因此，用于平抑光伏发电波动的储能配置 3MW 即可满足绝大多数功率平抑需求。

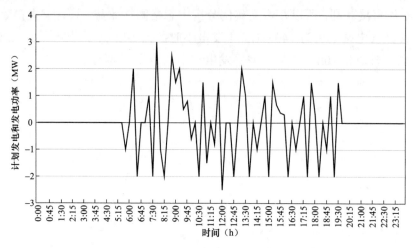

图 4-4　功率差额分布情况

结合功率差额曲线，对于连续单向（充电或放电）功率进行积分，计算得到其连续充电或放电最大电量约为 1.8MWh，因此用于满足平抑光伏发电功率波动的储能电量需求为 1.8MWh，但是用于平抑波动的储能会面临频繁充放电循环，将影响储能实际寿命，因此需要配置比该需求更大的储能电量，需要结合光伏电站跟踪调度计划曲线进行分析。

2. 跟踪调度计划配置需求分析

当调频调度（automatic generation control，AGC）指令功率大于光伏电站平滑功率时，若储能系统配置不足，可能产生光伏电站脱网考核，可通过配置储能系统避免考核电量，同时跟踪 AGC 指令，增加上网电量。计算调度计划和平滑曲线两者的功率差值，其功率差额最大值为 1.4MW，根据对曲线积分求差得到电量配置需求为 7.8MWh，该情况下储能系统以放电为主。当调度 AGC 指令功率小于光伏电站平滑功率时，需要对光伏电站出力进行限制，若储能系统配置不足，可能产生限电电量考核，可通过配置储能系统避免考核电量，在限光时段内实发电力不超过计划电力的 1%。调度计划与功率平滑曲线见图4-5。

计算调度考核曲线和平滑曲线两者的功率差值，其功率差额最大值为 1.2MW，根据对曲线积分求差得到电量配置需求为 6.6MWh，该情况下储能系统以充电为主。当调度 AGC 指令功率部分小于、部分大于光伏电站平滑功率时，需要对光伏电站出力部分时段进行限制，部分时段脱网，若储能系统配置不足，可能产生限电和脱网电量考核。调度计划部分小于平滑曲线见图 4-6。

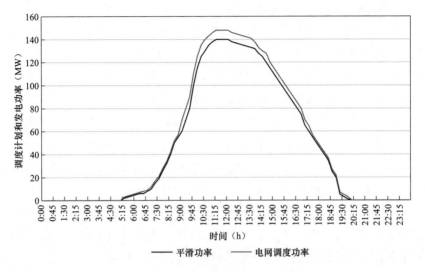

图 4-5　调度计划与功率平滑曲线

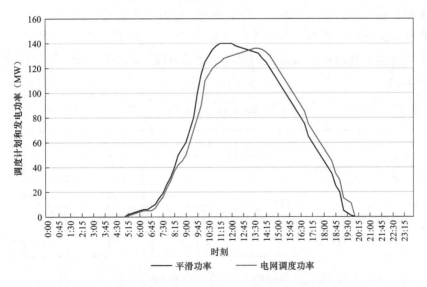

图 4-6　调度计划部分小于平滑曲线

计算调度计划曲线和平滑曲线两者的功率差值，其功率差额绝对值最大为 2.3MW，根据对曲线分两部分积分求差得到电量配置分别为 6.7MWh 和

2.9MWh，其中储能充电电量为 2.9MWh，放电电量为 6.7MWh。综上所述，储能系统配置为 4MW/8MWh，可见，用于平抑光伏发电功率波动的功率需求较大，但是考虑其波动频繁，因此实际电量需求较少，用于跟踪调度计划曲线功率需求较小，但电量需求较大，主要由于其持续时间较长。

3. 新能源侧储能综合价值

（1）减少脱网考核收益。由上述描述可知，μ_{TW} 为当月脱网光伏发电单元总容量超过光伏发电站装机容量的 30% 的次数为 240，W_a 为当月上网电量 11200kWh，p_{pv} 光伏电站标杆上网电价为 0.3629 元/kWh。由公式（4-20）计算可得，R_{kh1} 减少脱网考核年度收益为 11.7 万元。

（2）减少限光/风时段考核收益。由上述描述可知，$P_g(t)$ 为配置储能后的光伏电站 t 时刻发电有功功率为 93MW，$P_a(t)$ 为限光时段 t 时刻调度计划出力约为 88MW，D_m 为每月发生限光的天数约为 5 天。由公式（4-21）计算可得，R_{kh2} 减少限光时段考核年度收益约为 18.7 万元。

（3）减少有功功率控制子站投运率考核收益。光伏发电站有功功率控制子站投运率 $\lambda_{投运}$ 为 94%，W_a 为当月上网电量，由公式（4-24）计算可得，减少有功功率控制子站投运率考核收益 R_{kh3} 约为 23.2 万元。

（4）增加的上网电量收益。D_s 为每月风电/光伏出力无法满足调度计划功率的天数，取值为 7，T_3 为当天起始时刻，T_4 为当天结束时刻，由公式（4-25）计算可得，增加的上网电量年度收益 R_{sw} 约为 163 万元。

结合主客观权重，通过采用最小二乘法计算，得到的各项指标综合权重见表 4-14。

表 4-14   新能源侧储能评价指标权重

指标名称	主观权重	客观权重	综合权重
减少脱网考核收益	0.2564	0.2312	0.2463
减少限光/风时段考核收益	0.3001	0.2573	0.2830
减少有功功率控制子站投运率考核收益	0.1964	0.1989	0.1974
增加的上网电量收益	0.2471	0.3126	0.2733

基于上表得到新能源测储能获得的综合价值为 57.3 万元左右。

4. 敏感性分析

假设设备投资发生在第 0 年，则不考虑其他主体收益的财务净现值的计算见式（4-57）：

$$FNPV_1 = -C_{\text{total}} + \sum_{j=1}^{T} \frac{R_{\text{ESS}}^{j}}{(1+r)^{(1+j)}} \qquad (4\text{-}57)$$

式中：$FNPV_1$ 为不考虑其他主体价值的财务净现值，元；j 为设备的使用年限，第 j 年（j=0,1,2,…,T）；C_{total} 为项目总投资，元；R_{ESS}^{j} 为第 j 年储能设备的税后总收入，元；r 为年贴现率，%。

基于新能源消纳的储能系统经济性主要受到电池成本、上网电价、年发电小时数影响，因此需要针对三方面因素分析其对基于新能源消纳的储能系统的净现值（net present value，NPV）的影响。

（1）电池成本。随着电池成本的降低速度的增加，储能系统的投资减少，进而使得项目投资财务净现值增加。当电池成本下降速度达到9%的时候，财务净现值达到1426万元。可见，当电池成本下降速度越快，则用于新能源消纳的储能系统的收益越好。电池成本下降速度对 NPV 的影响见图 4-7。

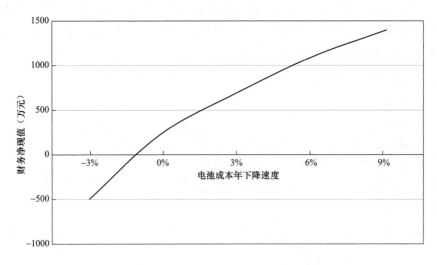

图 4-7　电池成本下降速度对 NPV 的影响

（2）上网电价。新能源上网电价越高，新能源配置储能系统的经济效益越好。可见，随着上网电价下降，NPV 呈线性减少，上网电价越高，储能经济性越好，反之越差。其 NPV 收益临界值约为 0.55 元/kWh，当上网电价超过 0.55 元/kWh 时，储能系统具有经济性；当光伏电站上网电价降低至 0.55 元/kWh 时，储能系统不具有经济性。上网电价对 NPV 的影响见图 4-8。

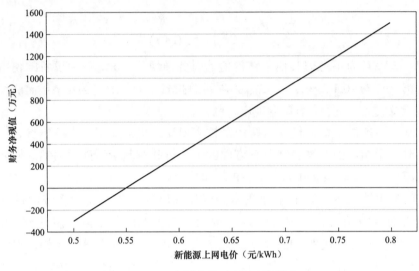

图 4-8　上网电价对 NPV 的影响

（3）年发电小时数。随着光伏发电小时数增加，储能系统的利用率增加，进而使得多种收益增加，NPV 呈线性增加，储能系统具有经济性。发电小时数对 NPV 的影响见图 4-9。

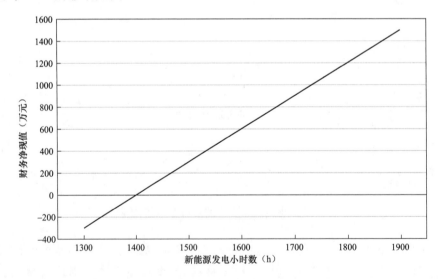

图 4-9　发电小时数对 NPV 的影响

4.3.4　电网侧储能综合价值

1. 缓解电网阻塞效益

假设某线路目前运行于预控负荷比例 $\alpha=95\%$ 下，线路极限功率 $P_{lim} =$

15MW，负荷年增长率为 2%，按传统规划方法，1 年后线路计划扩充 5MVA 的容量。若通过配置储能来平衡负荷增长，考虑到负荷增长的不确定性，在确定储能装置容量时，增加 25%的容量裕度，得到储能配置容量为 375 kW。缓解电网阻塞系统参数见表 4-15。

表 4-15 缓解电网阻塞系统参数

参 数	取 值
α（%）	95
P_{lim}（MW）	15
负荷年增长率 k_1（%）	2
峰值时段 T（h）	2
L_t（元/kWh）	1.0403
年内超负荷天数 D（d）	150
电网单位扩建成本 c_{ex}（万元/MW）	210
年利率 p（%）	8

线路潮流在用电负荷峰值的 2h 内到达极限 P_{lim}，系统单位停电损失费用 L_t 取高峰电价 1.0403 元/kWh，1 年内超负荷日数为 150d，则根据式（4-27）计算系统通过储能减少的网络阻塞成本 R_{block}=23.41 万元。

2. 延缓电网投资升级收益

根据式（4-29）计算储能装置 1 年的延缓收益 R_{def}=578.2 万元。以配置 1MWh 锂电池储能系统为例，考虑系统时间成本后，将系统总成本折算至每年，见表 4-16，其中第 1 年的年度总成本 R_{sto}=44.16 万元。综合年网络阻塞成本 R_{block}、年延缓投资收益 R_{def} 及储能年度总成本 R_{sto}，可为电网带来间接性增收 552.05 万元。

表 4-16 储能系统年成本费用 单位：万元

费 用	计算结果
折旧费用	14.25
运行维护费用	0.83
财务费用	6.3
充电电价（不含税）	22.78
电池更换费用	0
年总成本费用	44.16

3. 参与电网调峰效益

采用 1MWh 锂电池储能系统，以广东省为例，根据广东省发展改革委制定出台的《关于进一步完善我省峰谷分时电价政策有关问题的通知》（粤发改价格〔2021〕331 号）规定，全省统一划分峰谷分时电价时段，高峰时段为 10:00—12:00 和 14:00—19:00，低谷时段为 00:00—08:00，其余时段为普通负荷平段。假设储能系统采取"两充两放"模式，储能系统参与系统调峰运行参数见表 4-17，储能系统年充放电量及收入见表 4-18。储能通过参与系统调峰，在负荷高峰时期放电，间接性增加电网售电量，产生电量增收收益。

表 4-17 储能系统参与系统调峰运行参数

参　数	取　值
全生命周期总处理电量（MWh）	3676.5
每年运行天数（d）	330
每日峰放电时间（h）	4
每日平放电时间（h）	0
每日平充电时间（h）	2
每日谷充电时间（h）	4

表 4-18 储能系统年充放电量及收入

参　数	取　值
年上网电量-峰时（MWh）	495
年上网电量-平时（MWh）	0
年充电电量-平时（MWh）	245
年充电电量-谷时（MWh）	330
放电收入（万元）	43.78
容量电价收入（万元）	5.76
充电支出（万元）	22.78
增收（万元）	26.76

4. 降低网损效益

以单回 10kV 线路为例，末端负荷最大约为 8MW，最小约为 2MW，分别计算系统安装储能前、后的典型日稳态潮流，对比 2 种情形下线路损耗，结果见表 4-19。可知，安装 1MWh 储能后，线路网损率减少约 1%。

表 4-19	线路损耗仿真计算结果	
储能安装	损耗（MWh）	网损率（%）
未安装储能	8.952	5.42
安装 1MWh 储能	7.224	4.38

减少的网损相当于间接增加了系统售电量，年增供电量约为 630.72MWh，假设仍采用前文 1MWh 的锂电池储能系统，第 1 年的储能总成本费用为 44.16 万元，计算电网的效益，见表 4-20。

表 4-20	电 网 降 损 效 益	单位：万元
参　　　　数	年增供电量收益	年收益增量
不采用分时电价	40.24	−3.92
采用峰时电价	65.27	21.11

由上可知，若不采用分时电价，取平时电价 0.638 元/kWh，系统年增供电量产生的收益无法覆盖储能系统年投资成本，但差距不大，结果较为保守。系统减少的网损是综合考虑了负荷峰值减少网损与负荷谷值增加网损后的差量，因此采用峰时电价更接近于增供电量产生的收益，此时，电网年增供电量收益可覆盖储能年投资成本，电网间接性增加了 21.11 万元售电收益。当然，储能降低网损产生的增供电量收益受储能投资成本和电价直接影响，具体还需根据不同储能类型和各区域电价政策分析。

5. 促进新能源消纳效益

采用 1MWh 锂电池储能系统，假设能够全部对外租赁，电网向新能源场站租售储能系统使用权获得的收益 $V_{ser,et}$ 约为 20 万元。电网建设储能电站及相关设备的投资成本 $C_{sto,cons}$ 约为 13.05 万元，据国网湖南综合能源的储能设备租赁招标公告，估算电网向储能企业租赁关键储能设备的租赁成本 $C_{sto,rt}$ 约为 9.88 万元。根据式（4-35）计算可得电网可得收益约为 22.83 万元。

6. 降低用户限电和供电可靠性效益

经测算避免停电电量为 776.13kWh，经式（4-36）可得电网收益为 23.11 万元。

7. 支撑电网安全效益

以 1MWh 锂电池储能系统为例，电网年维护成本为 8.23 万元，若储能代替传统系统，维护成本为 4.61 万元，共减少 3.62 万元。据式（4-38）可得电网安全效益约为 22.14 万元。

8. 环境效益计算

储能系统投入后一定程度上替代了系统所需的传统化石燃料类的灵活性资源，减少污染物排放，产生环境效益。机组每年有效利用时间为4000h，额定容量为30MW，煤耗差按3kg/MWh计算，则减少的煤耗为4000×30×3/1000=360（t），消耗1kg煤排放的污染物见表4-21，污染物主要包括CO_2、SO_2、NO_x，其中CO_2的含量约占95%。

表4-21 1kg煤所排放的污染物

种　　类	污染物排放量/（kg）	排放收费标准（元/kg）
CO_2	2.4925	0.160
SO_2	0.075	20
NO_x	0.0375	0.6316

基于式（4-15），计算因煤耗减少带来的环境效益为69.12万元。

$$R_S = (2.4925 \times 0.160 + 0.075 \times 20 + 0.0375 \times 0.6316)$$
$$\times 360 \times 1000 / 10000 = 69.12 （万元）$$

9. 减少的停电损失

假设将用户的停电价值用江苏省的需求响应补贴标准估算，为12元/kW/次，假设一年平均停电时间为6h。据测算，用户侧的年可避免缺电损失为6.5万元左右。

10. 综合价值评估

根据以上测算，投入1MWh的锂电池储能系统后，储能参与辅助服务年总收益见表4-22。

表4-22 储能参与辅助服务年总收益　　　　　　单位：万元

收益分类	收　　益
缓解电网阻塞效益	23.41
延缓电网投资升级收益	552.05
参与电网调峰收益	26.76
降低网损效益	21.11
促进新能源消纳效益	22.83
降低用户限电和供电可靠性效益	23.11
支撑电网安全效益	22.14
环境效益计算	69.12
减少的停电损失	6.5

结合主客观权重,通过采用最小二乘法计算,得到的各项指标综合权重,见表 4-23。

表 4-23   独立储能评价指标权重

指标名称	主观权重	客观权重	综合权重
缓解电网阻塞效益	0.1042	0.1706	0.2068
延缓电网投资升级收益	0.3127	0.3185	0.1829
参与电网调峰收益	0.1564	0.2368	0.159
降低网损效益	0.0293	0.0136	0.135
促进新能源消纳效益	0.0347	0.0135	0.1111
降低用户限电和供电可靠性效益	0.0391	0.0136	0.0872
支撑电网安全效益	0.1564	0.1924	0.0633
环境效益计算	0.089	0.0273	0.0393
减少的停电损失	0.0782	0.0137	0.0154

基于式(4-54)得到电网侧自身获得的价值,为 121.69 万元左右。

4.3.5 用户侧储能综合价值

1. 基础数据

我国大工业用户在不同时间,电价是不一样的;甚至在不同的月份,电价也会有所差别。一般分为峰时电价、平时电价、谷时电价,在夏季还会出现尖峰电价,蒙西地区的大工业用户电网售电价格见表 4-24。

表 4-24   蒙西地区用电销售电价表(电压等级 1~10kV)

电度电价		基本电价	峰谷价差(元/kWh)
高峰(元/kWh)	低谷(元/kWh)	变压器容量[元/(kVA·月)]	
0.718	0.228	19	0.49

2. 参数设置

(1)储能参数。以 10kV 大工业用户建设一个装机容量为 100kW 的储能系统为例,在蒙西地区采取低谷充电、高峰放电,额定充放电时长各为 2h。假设项目周期 N 为 20 年,不考虑电池储能初始投资成本的下降,贴现率为 8%,电池储能每天以额定功率完全充放电 1 次,每年运行 365 天,电池寿命周期内衰减率为 20%。本书研究的主要类型有磷酸铁锂电池和全钒液流电池,其具体成本和技术性能参数见表 4-25。

表 4-25　　　　用户侧电池储能的成本和技术性能参数

类　型	参　数	磷酸铁锂电池	全钒液流电池
成本参数	电池本体价格（元/kWh）	1100	2300
	能量转换装置价格（元/kVA）	200	450
	辅助设施价格（元/kWh）	80	156
	年运行维护成本（元/kW）	35	55
	其他成本（元/kW）	100	200
	变压器单位造价（元/kVA）	200	200
技术参数	年衰减率（%）	2	1
	能量转换效率（%）	95	75
	电池本体寿命周期（年）	10	2

（2）财务参数。本书利率按照中国人民银行公布的长期贷款利率 4.9%计算，贷款年限为 15 年，折旧时间为 20 年，残值率为 5%。此外，假设初始投资安排是贷款占 80%、自有资金占 20%，基准收益率为 8%。由于现阶段我国储能产业相关政策还存在明显的缺口和不足，没有适用的补贴政策，因此本书借鉴光伏发电项目的税收政策，执行"三免三减半"政策，项目自取得第一笔生产经营收入所属年度起，企业应交纳的所得税税率前 3 年为 0%，第 4~6 年为 12.5%，之后为 25%。另外设置增值税率为 13%，城市维护建设税率为 5%，教育附加费率为 3%。关键变量与财务参数设置汇总表见表 4-26。

表 4-26　　　　关键变量与财务参数设置汇总表

变　量	参数设置	数　值
财务成本	自有资金比例（%）	20
	贷款年限（年）	15
	年利息率（%）	4.9
	运营年限（年）	20
	折旧期（年）	20
	资产残值率（%）	5
运营成本	保险费率（%）	0.25
	综合维修费率（%）	1.5

续表

变　量	参数设置	数　值
财政税收	所得税（%）	25
	增值税（%）	13
	城市维护建设税（%）	5
	教育费附加（%）	3

3. 用户侧储能综合价值

（1）减少变压器容量收益。由表 4-25 的参数可知，C_{by} 为专用变压器单位容量造价 200 元/kVA；由表 4-29 可知，S_{by} 为没有储能时的变压器规划容量 800kVA；S'_{by} 为增加储能后的变压器规划容量 640kVA；P_{max} 为不安装储能装置时用户最大计算负荷 500kW。由式（4-39）和式（4-40）计算可得，R_{byq} 减少的变压器容量收益为 3.2 万元。

（2）减少基本电费收益。由表 4-24 可知，Q_{by} 按变压器容量收取的基本电为 19 元/kVA·月。由式（4-41）计算可得，R_{df} 基本减少电费为 122.9 万元。

（3）减少电量电费收益。由表 4-24 可知，高峰时段电价为 0.718 元/kWh，低谷时段电价为 0.228 元/kWh，在蒙西地区采取低谷充电、高峰放电，则 Q_d 为放电电价，0.718 元/kWh；Q_c 为充电电价，0.228 元/kWh。由表 4-25 可知，磷酸铁锂电池年衰减率为 2%，全钒液流电池年衰减率为 1%。以 10kV 大工业用户建设一个装机容量为 100kW 的储能系统为例，额定充放电时长各为 2h。假设项目周期 N 为 20 年，不考虑电池储能初始投资成本的下降，贴现率为 8%，电池储能每天以额定功率完全充放电 1 次，每年运行 365 天，电池寿命周期内衰减率为 20%，每小时充电电量 0.97kWh，每小时放电电量 2.23kWh，根据式（4-42）、式（4-43）和式（4-44）计算可得，磷酸铁锂电池的减少电量电费为 79.1 万元，全钒液流电池的减少电量电费为 66.3 万元。

（4）减少的停电损失。由表 4-25 可知，磷酸铁锂电池的能量转换装置价格为 200 元/kVA，全钒液流电池的能量转换装置价格为 450 元/kVA·a，由式（4-14）可得，磷酸铁锂电池每年减少的停电损失为 2.5 万元，全钒液流电池每年减少的停电损失为 6.3 万元左右。

（5）替代电网投资价值。据测算，假设用等效的储能对火电机组装机容量进行替代，单位可免容量成本为 700 元/kVA·a，则年机组可避免装机容量收益为 8.75 万元左右。

（6）污染物减排价值。污染物减排价值由节煤价值来体现，假设煤炭价格为 900 元/t，机组每年有效利用时间为 4000h，额定容量为 100kW，煤耗差按 3kg/MWh 计算，则减少的煤耗为 4000×100×3/1000=1200（kg）。据测算，投入一套储能系统参与调峰和调频等辅助服务之后每年减少的煤耗为1200kg，可以减少的年煤炭价值为 1080 元。

（7）综合价值评估。根据以上测算，一个 10kV 大工业用户建设一个装机容量为 100kW 的储能系统后，各项效益见表 4-27。

表 4-27　　　　　　　　用户侧储能年总收益

收益分类	磷酸铁锂电池收益（万元）	全钒液流电池收益（万元）
减少变压器容量收益	3.2	3.2
减少基本电费收益	122.9	122.9
减少电量电费收益	79.1	66.3
减少的停电损失	2.5	6.3
替代电网投资价值	8.75	8.75
污染物减排价值	0.11	0.11

结合主客观权重，通过采用最小二乘法计算，得到的各项指标综合权重，见表 4-28。

表 4-28　　　　　　　　用户侧储能评价指标权重

指标名称	主观权重	客观权重	综合权重
减少变压器容量收益	0.1564	0.2368	0.0908
减少基本电费收益	0.3127	0.3185	0.1604
减少电量电费收益	0.1564	0.1924	0.5126
减少的停电损失	0.1042	0.1706	0.1010
替代电网投资价值	0.0835	0.0409	0.0416
污染物减排价值	0.1868	0.0408	0.0933

基于式（4-55）得到，一个 10kV 大工业用户建设一个装机容量为 100kW 的储能系统后，若建设磷酸铁锂电池储能系统，用户侧自身获得的价值为 61.18 万元左右；若建设全钒液流电池储能系统，用户侧自身获得的价值为 55 万元左右。

4. 结果分析

按照模型和参数设定，以 10kV 大工业用户建设 100kW 的储能系统为例，分别对电池储能系统进行计算，得出的成本、全投资净现值和全投资内部收益率见表 4-29。

表 4-29　　　　　　10kV 大工业用户储能系统投资收益分析

参 数	磷酸铁锂电池	全钒液流电池
原变压器容量（kVA）	800	800
现变压器容量（kVA）	640	640
最大计算负荷（kW）	500	500
储能额定功率（kW）	100	100
初始投资成本（万元）	27.8	71.0
更换成本（万元）	23.2	0
运营成本（万元）	16.2	33.5
减少变压器容量而节省的费用（万元）	3.2	3.2
减少基本电费（万元）	122.9	122.9
减少电量电费（万元）	79.1	66.3
全投资净现值（万元）	34.98	-6.15
全投资内部收益率（%）	28.05	6.75
LCOE（元/kWh）	0.54	1.32

通过典型电池储能的 LCOE 对比可以发现，电池储能的 LCOE 平均值约为 0.78 元/kWh，电化学储能项目的度电成本主要受初始投资成本因素的影响，不同电池的储能系统经济性偏差较大，最大偏差可达 0.83 元/kWh。电化学储能中经济性较好的为磷酸铁锂电池，其度电成本分别可达 0.54 元/kWh，但与抽水蓄能的度电成本 0.1～0.2 元/kWh 相比仍然偏高。电池储能系统的全投资 IRR 与全投资 NPV 见图 4-10。可知，除了全钒液流电池的净现值小于 0、内部收益率低于基准收益率（8%）以外，其余的电池储能均具有一定的经济性。磷酸铁锂电池的净现值与内部收益率较高，与全钒液流电池相比具有较好的经济性，收益比较乐观。这是由于磷酸铁锂电池的初始投资成本以及运维成本相比于其他电池较低导致的，其中，运维成本中的保险费用和综合维修费用是由初始投资成本决定的，而初始投资成本中，占比最高的是电池本体成本，基本占比在 40% 以上。因此，电池本体成本的高低对大工业用户侧储能系统的经济性而言具有重要作用。

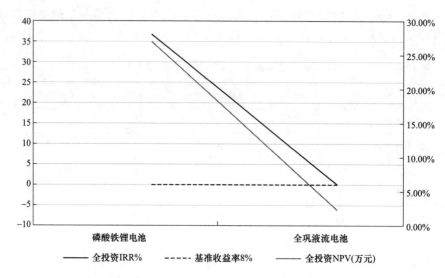

图 4-10 电池储能系统的全投资 IRR 与全投资 NPV

5. 敏感性分析

我国的峰谷电价比多为 2~4 倍左右，国外的峰谷电价比一般为 5~8 倍左右，在紧急情况下可达到 9~10 倍。在其余参数不变的情况下，以蒙西地区的谷价为基准，分别设置峰谷电价比为 2、4、6、8 倍和 10 倍进行敏感性分析。不同峰谷价差的 LCOE 和全投资 IRR 变动图见图 4-11，峰谷价差对电池储能的 LCOE 无影响，但对电池储能的收益水平影响巨大。随着峰谷电价比的倍数增大，电池储能的经济性具有明显的提升且收益水平差距明显拉大。

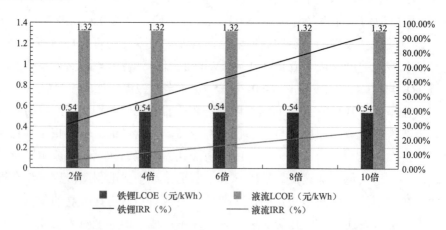

图 4-11 不同峰谷价差的 LCOE 和全投资 IRR 变动图

6. 结论

电池储能在实行两部制计价的大工业用户中具有多重收益，使得在项目寿命周期内可产生明显的经济效益。但电池的度电成本，距离规模应用的目标成本 0.3~0.4 元/kWh 还有一定的差距。内部收益率由高到低依次是：磷酸铁锂电池＞全钒液流电池。

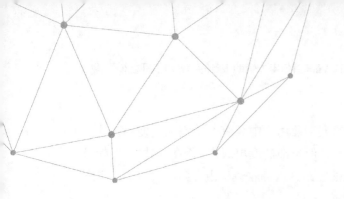

储能集群参与辅助服务
市场出清与平衡优化机制

5.1 储能参与辅助服务市场机制初探

储能通过充放电行为实现电能量的时空转移，具有灵活的电力吞吐特性，可有效跟踪电力系统调频指令，为电力系统提供更高效、可靠的调频服务。储能接入电力市场能在一定程度上促进风、光等可再生能源消纳、优化市场配置，储能作为一种新型灵活的市场主体参与调峰、调频、备用等电力辅助服务市场交易具有多重价值。随着我国电力市场深化改革，调峰、调频、备用等辅助服务由电力调度机构直接调用模式逐步转变为市场化运营模式，多数省份开始构建调频辅助服务市场并发布具体交易细则，通过市场方式实现调频资源的优化配置，提升电力系统稳定性。在电力市场化改革的大背景下，建立完善的市场机制，对激励储能发展具有重要意义。

5.1.1 调峰市场

调峰辅助服务，是指为跟踪系统负荷的峰谷变化及可再生能源出力变化，并网主体根据调度指令进行的发用电功率调整或设备启停所提供的服务。

根据《国家发展改革委 国家能源局关于建立健全电力辅助服务市场价格机制的通知》（发改价格〔2024〕196号），电力现货市场连续运行地区，完善现货市场规则，适当放宽市场限价，引导实现调峰功能。电力现货市场未连续运行的地区，机组在现货市场未运行期间按规则自主申报分时段出力及价格，通过市场竞争确定出清价格和中标调峰出力。

调峰辅助服务市场采取日前集中竞价的交易模式。在日前市场中，符合市场交易准入条件的火电机组与储能机组进行信息申报，具体包括：调峰电量与电价。其中，储能系统采取策略性报价，火电机组根据自身发电成本进行报价。实时市场中，电力交易中心和调度机构根据采集到的报价信息和系统辅助服务需求，以购电辅助服务成本最小为目标进行出清，得到火电机组和储能系统在各时段的中标电量以及辅助服务市场的出清价格。

5.1.2 调频市场

调频辅助服务，是指发电机二次调频，备用容量通过自动发电控制装置（AGC）自动响应区域控制偏差（ACE），按照一定调节速率实时调整有功功率，满足 ACE 控制要求的服务。

调频辅助服务市场采用"日前报价、日内集中出清"的组织方式开展。电力调度机构在日前发布运行日调频需求信息，组织调频资源参与申报，并提供报价限制等相关信息。各 AGC 单元需申报的内容为调频里程和容量的价格及参与竞标的调频容量。运行日 4h 为一个交易时段，每个交易时段集中出清。各机组按规则自主申报分时段调频容量及价格。我国现行调频市场交易规则在充分满足调频资源个性化意愿的同时，添加调频性能指标，通过市场竞争确定出清价格和中标调频容量。调频费用根据出清价格、调频里程、性能系数三者乘积计算。

在市场申报环节，有意愿参与市场交易并满足申报要求的储能运营商需要向电力交易机构申报其在能量和调频辅助服务市场的相关投标信息，包括交易期间各运行时段的电能量预测信息、向上和向下调频容量、调频单位里程报价以及储能电站相关运行参数等。电力调度机构根据电网负荷预测曲线以及系统调频需求，实现电能量-调频辅助服务市场的联合出清。在电能量市场交易结算时，电能量市场按照市场出清价格进行结算，在调频辅助服务市场的结算过程中，引入调频性能指标，由调节速率、调节精度、响应时间三个分项参数乘积或加权平均确定，并根据储能系统的调频容量和调频里程对其进行补偿。参与调频市场的市场主体在当月电费总额基础上加（减）应获得（支付）的调频服务补偿（分摊）费用额度，与当月电费一并结算。

5.1.3 备用市场

备用市场原则上采用基于中标容量和时间的单一制价格机制。备用容量需求由电力调度机构根据系统安全经济要求与实际情况确定，各机组按规则申报备用容量及价格，通过市场竞争确定出清价格、中标容量和时间。备用费用根据出清价格、中标容量、中标时间三者乘积计算，实际备用容量低于中标容量的，按实际备用容量结算。

在市场申报环节，电力调度机构发布市场信息，包括次日统调用户负荷预测、日前曲线分解出清结果以及备用需求等。有意愿参与市场交易并满足申报要求的储能运营商需在规定的时间内向电力交易中心提交其备用辅助服务的供应申报，包含备用容量和备用价格，以便交易中心能够全面了解市场供需状况。电力交易中心根据市场的供需情况和交易规则，进行初步筛选和匹配。在这一阶段，交易中心会考虑各种因素，以确保市场出清结果的合理性和有效性。接下来，电力交易中心进行市场出清计算，确定备用辅助服务的成交价格和数量，通常基于边际出清原则，即以满足市场总体需求的最小成本来确定成交价格。同时，交易中心也会考虑其他因素，如市场力约束和最小报价限制等，以确保市场的竞争性和稳定性。成交结果确定后，电力交易中心向市场参与者发布交易结果通知，包括成交服务的类型、数量、价格等信息。市场参与者可以根据通知内容进行合同的签署和履行。

5.2 储能集群参与辅助服务市场策略

与传统的发电侧、负荷侧资源不同，储能具有能量稳定、快速响应等物理特性，其参与市场交易的机制也有其特殊性。为凸显储能在辅助服务市场的优越性，本节建立了以调度中心为领导者，以储能集群和火电为跟随者的主从博弈模型。

5.2.1 调峰市场模型

本节设计了一种基于调峰辅助服务平台的日前集中竞价交易的调峰辅助服务市场交易模式，买卖双方通过在日前调峰辅助服务市场上申报相关信息，经由调峰辅助服务平台集中竞价并统一出清。本章应用主从博弈的方法研究储能参与调峰市场的交易行为，建立以调度中心为领导者，以储能集群和火电机组为跟随者的双层模型，上层以调度中心的调峰成本最低为目标，下层分别以储能集群和火电机组参与调峰市场的收益最大化为目标函数，综合计算储能集群参与调峰市场的中标容量和出清价格。

1. 上层调峰辅助服务市场出清模型

电力调度机构按照统一边际价格结算的调峰成本最小为目标函数进行调峰调度，目标函数见式（5-1）：

$$F_R = \min\left(\sum_{k=1}^{K}\sum_{t=1}^{T} R_{k,t}\rho_t^k + \sum_{m=1}^{M}\sum_{t=1}^{T} R_{m,t}\rho_t^m \right) \tag{5-1}$$

式中：F_R 为系统购电最小化成本，元/kWh；K 为参与调峰的储能集群个数；

T 为投标时段，共 24 个时段；ρ_t^k 为储能集群 k 在时段 t 的申报价格，元/kWh；$R_{k,t}$ 为储能集群 k 的中标电量，kWh；M 为参与调峰的火电机组个数；ρ_t^m 为火电机组 m 在时段 t 的申报价格，元/kWh；$R_{m,t}$ 为火电机组 m 的中标电量，kWh。

（1）储能集群中标电量约束。所有储能集群在时段 t 的中标调峰电量之和小于等于所有储能在时段 t 的可售调峰电量之和，具体见式（5-2）~式（5-4）：

$$w_t = \sum_{j=1}^{K}\sum_{t=1}^{T} R_{k,t} \tag{5-2}$$

$$Q_t = \sum_{k=1}^{K} S_{\text{ESS}}(1-\Omega_k^t) \tag{5-3}$$

$$w_t \leqslant Q_t \tag{5-4}$$

式中：w_t 为所有储能集群在时段 t 的中标调峰电量之和，kWh；Q_t 为所有储能集群在时段 t 的可售调峰电量之和，kWh；S_{ESS} 为储能集群 k 的额定电量，kWh；Ω_k^t 为储能 k 在时段 t 的荷电状态，%。

（2）常规机组出力约束。调峰市场出清后火电机组 m 在时段 t 的技术出力应在机组的爬坡范围内，见式（5-5）：

$$-R_i^D u_t^m - Q_{\min}^m(1-u_{t-1}^m) \leqslant R_{m,t} - R_{m,t-1} \leqslant R_i^U u_{t-1}^m + Q_{\max}^m(1-u_t^m) \tag{5-5}$$

式中：$R_{m,t}$ 为火电机组 m 在时段 t 的中标调峰容量，kWh；R_i^U 和 R_i^D 分别为火电机组 m 的爬坡率和滑坡率，kW/h；u_{t-1}^m 和 u_t^m 分别为火电机组 m 在时段 $t-1$ 和时段 t 的运行状态；$Q_{\max}^m$ 和 $Q_{\min}^m$ 为火电机组 m 的最大技术出力和最小技术出力，kW。

（3）调峰需求平衡约束。t 时段的中标调峰容量等于该时段需求方的调峰需求，见式（5-6）、式（5-7）。

$$P_t = \sum_{j=1}^{K}\sum_{t=1}^{T} P_{k,t} + \sum_{i=1}^{M}\sum_{t=1}^{T} P_{m,t} \tag{5-6}$$

$$P_t \geqslant \sum_{b=1}^{K} B_t^b \tag{5-7}$$

式中，B_t^b 为需求方 b 在时段 t 的调峰需求，kWh。

2. 下层储能集群决策模型

储能集群的收益由调峰辅助服务市场收益以及提供调峰服务的成本构

成。具体见式（5-8）～式（5-10）：

$$\max F_{ess} = F_C - C_{loss} \tag{5-8}$$

$$F_C = \sum_{t}^{T}\sum_{k}^{K} S'_t P_{k,t} \tag{5-9}$$

$$C_{loss} = \sum_{t=1}^{T}\sum_{k=1}^{N_{ES}} MC_1 \times R_{k,t} \tag{5-10}$$

式中：k 是储能集群的数量；F_C 为调峰获得的收益，元；C_{loss} 为储能参与调峰的单位成本，元/kWh；$P_{k,t}$ 为储能集群 k 在 t 时段参与调峰的中标电量，kWh；S'_t 为 t 时段调峰市场的出清价格，元/kWh；MC_1 为储能系统的调峰边际成本，元/kWh。

（1）申报电量约束，见式（5-11）：

$$P_{k,\min} \leqslant P_{k,t} \leqslant P_{k,\max} \tag{5-11}$$

式中：$P_{k,\max}$、$P_{k,\min}$ 为储能集群最大允许电量和最小允许电量，kWh。

（2）申报价格约束，见式（5-12）：

$$\rho_{t,\min} \leqslant \rho_t^k \leqslant \rho_{t,\max} \tag{5-12}$$

式中：$\rho_{t,\max}$、$\rho_{t,\min}$ 为储能集群最大允许申报价格和最小允许申报价格，元/kWh。

（3）荷电状态约束。储能集群每个时刻的能量状态不可超过其可储存能量的上下限，同时，要求运行结束后储能集群电量恢复到初始状态，见式（5-13）、式（5-14）：

$$S_k^{\min} S_{ESS} \leqslant P_k^{ES}(t) \leqslant S_k^{\max} S_{ESS} \tag{5-13}$$

$$S_T = S_0 \tag{5-14}$$

式中：$P_k^{ES}(t)$ 表示储能集群 k 在 t 时段电量，kWh；$S_k^{\min}$、$S_k^{\max}$ 分别为储能集群的最小和最大荷电状态，%；S_{ESS} 为储能集群 k 的额定容量，kWh；S_T 为调度日结束时刻的 SOC，%；S_0 为调度日初始时刻的 SOC，%。

3. 下层常规机组决策模型

火电机组获得的调峰补偿收益由调峰辅助服务市场收益 F_m 以及提供调峰服务的启停成本 C_{up} 构成。目标函数见式（5-15）～式（5-17）：

$$\max F_{th} = \sum_{m=1}^{M}\sum_{t=1}^{T}(F_m - C_{up}) \tag{5-15}$$

$$F_m = S'_t R_{m,t} \tag{5-16}$$

$$C_{up} = u_{m,t-1}(1-u_{m,t})C_{up,m} \tag{5-17}$$

式中，T 为调度时段数；m 为火电机组台数；$u_{m,t}$ 为机组 m 在时段 t 的启停状态；$C_{up,m}$ 为机组 m 的启动成本，元/kWh；$R_{m,t}$ 为机组 m 在时段 t 的中标电量，kWh；S'_t 为 t 时段调峰市场的出清价格，元/kWh。

（1）火电机组申报电量和电价约束，见式（5-18）：

$$P_{m,min} \leqslant P_{m,t} \leqslant P_{m,max}$$
$$\rho_{m,min} \leqslant \rho_t^m \leqslant \rho_{m,max} \tag{5-18}$$
$$P_{m,t} + Q_m^{min} \leqslant Q_{m,t} \leqslant Q_m^{max} - P_{m,t}$$

式中：$P_{m,max}$、$P_{m,min}$ 分别表示火电机组 m 在时段调峰电量的最大值和最小值，kWh；$\rho_{m,max}$、$\rho_{m,min}$ 为火电机组最大允许申报价格和最小允许申报价格，元/kWh；$Q_{m,t}$ 为火电机组 m 在 t 时刻的出力，kWh；Q_m^{max}、Q_m^{min} 分别为火电机组 m 的最大、最小出力，kWh。

（2）机组爬坡约束，见式（5-19）：

$$\left| Q_{m,t} - Q_{m,t-1} \right| \leqslant V_n \tag{5-19}$$

式中：V_n 为机组 m 出力的最大爬坡速率，kW/h。

（3）机组启停时间约束，见式（5-20）、式（5-21）：

$$0 \leqslant (X_{m,t-1,on} - T_{m,on})(u_{m,t-1} - u_{m,t}) \tag{5-20}$$
$$0 \leqslant (X_{m,t-1,off} - T_{m,off})(u_{m,t-1} - u_{m,t}) \tag{5-21}$$

式中：$X_{m,t-1,on}$，$X_{m,t-1,off}$ 分别为机组 m 在时段 $t-1$ 已连续开、停机时间，h；$T_{m,on}$、$T_{m,off}$ 分别为机组 m 最短连续开、停机时间，h。

5.2.2　调频市场模型

本节设计了一种基于调频辅助服务平台的日前集中竞价交易的调频参与辅助服务市场交易模式，买卖双方通过在日前调频辅助服务市场上申报相关信息，经由调频辅助服务平台集中竞价并统一出清。本节应用主从博弈的方法研究储能参与调频市场，建立以调度中心为领导者，以储能集群和火电机组为跟随者的双层模型，上层以调度中心的调频成本最低为目标函数，下层分别以储能集群和火电机组参与调频收益最大为目标，综合计算储能参与调频市场的中标容量和出清价格。

1. 上层模型

调度中心在调频辅助服务市场中的购电成本包括购买调频容量及调频里程的成本，目标函数见式（5-22）：

$$\min F_{\mathrm{L}} = \sum_{t=1}^{T} (b_{\mathrm{k},t}^{\mathrm{Ecap}} r_{\mathrm{k},t}^{\mathrm{Ecap}} + b_{\mathrm{k},t}^{\mathrm{Emil}} r_{\mathrm{k},t}^{\mathrm{Emil}}) + \sum_{t=1}^{T} \sum_{m=1}^{N_{\mathrm{G}}} (b_{\mathrm{m},t}^{\mathrm{Gcap}} r_{\mathrm{m},t}^{\mathrm{Gcap}} + b_{\mathrm{m},t}^{\mathrm{Gmil}} r_{\mathrm{m},t}^{\mathrm{Gmil}}) \quad (5\text{-}22)$$

式中：$r_{\mathrm{k},t}^{\mathrm{Ecap}}$、$r_{\mathrm{k},t}^{\mathrm{Emil}}$ 为储能集群 k 在调频市场中标的调频容量和调频里程，kWh；$r_{\mathrm{m},t}^{\mathrm{Gcap}}$、$r_{\mathrm{m},t}^{\mathrm{Gmil}}$ 为火电机组 m 在调频市场中标的调频容量和调频里程，kWh；$b_{\mathrm{k},t}^{\mathrm{Ecap}}$、$b_{\mathrm{k},t}^{\mathrm{Emil}}$ 为储能集群 k 申报的调频容量和调频里程价格，元/kWh；$b_{\mathrm{m},t}^{\mathrm{Gcap}}$、$b_{\mathrm{m},t}^{\mathrm{Gmil}}$ 为常规机组 m 申报的调频容量和调频里程价格，元/kWh。

下层约束条件主要包括供需平衡约束和出清规则约束。

（1）供需平衡约束，见式（5-23）：

$$\begin{cases} \sum\limits_{m=1}^{N_{\mathrm{G}}} r_{\mathrm{m},t}^{\mathrm{Gcap}} + \sum\limits_{k=1}^{N_{\mathrm{ES}}} r_{\mathrm{k},t}^{\mathrm{Ecap}} = R_t^{\mathrm{sys}} \\ \sum\limits_{m=1}^{N_{\mathrm{G}}} r_{\mathrm{m},t}^{\mathrm{Gmil}} + \sum\limits_{k=1}^{N_{\mathrm{ES}}} r_{\mathrm{k},t}^{\mathrm{Emil}} = M_t^{\mathrm{sys}} \end{cases} \quad (5\text{-}23)$$

式中：R_t^{sys}、M_t^{sys} 分别表示系统的调频容量需求和调频里程需求，kWh。

（2）出清规则约束，见式（5-24）：

$$\begin{cases} r_{\mathrm{k},t}^{\mathrm{Ecap}} \leqslant R_{\mathrm{k},t}^{\mathrm{Ecap}} \\ r_{\mathrm{k},t}^{\mathrm{Ecap}} \leqslant r_{\mathrm{k},t}^{\mathrm{Emil}} \leqslant s_{\mathrm{k}}^{\mathrm{ES}} r_{\mathrm{k},t}^{\mathrm{Ecap}} \\ r_{\mathrm{m},t}^{\mathrm{Gcap}} \leqslant R_{\mathrm{m},t}^{\mathrm{Gcap}} \\ r_{\mathrm{m},t}^{\mathrm{Gcap}} \leqslant r_{\mathrm{m},t}^{\mathrm{Gmil}} \leqslant s_{\mathrm{m}}^{\mathrm{G}} r_{\mathrm{m},t}^{\mathrm{Gcap}} \end{cases} \quad (5\text{-}24)$$

式中：$s_{\mathrm{k}}^{\mathrm{ES}}$ 为储能集群 k 的历史调频里程调用系数（调频里程乘子），$r_{\mathrm{k},t}^{\mathrm{Ecap}}$ 表示储能集群 k 在 t 时刻可能被调用的调频里程值，kWh；$s_{\mathrm{m}}^{\mathrm{G}}$ 为火电机组 m 的调频里程乘子。

2. 下层储能集群决策模型

储能集群的收益由调频辅助服务市场收益 f_{ES} 以及提供调频服务的成本 C_{ES} 构成，调频市场上获得的收益包括容量收益和里程收益两部分。目标函数见式（5-25）～式（5-27）：

$$\max F_{\mathrm{ES}} = \sum_{k=1}^{K} (f_{\mathrm{ES,k}} - C_{\mathrm{ES,k}}) \quad (5\text{-}25)$$

$$f_{\mathrm{ES,k}} = n_{\mathrm{k}}^{\mathrm{ES}} \sum_{t=1}^{T} (\lambda_t^{\mathrm{cap}} r_{\mathrm{k},t}^{\mathrm{Ecap}} + \lambda_t^{\mathrm{mil}} r_{\mathrm{k},t}^{\mathrm{Emil}}) \quad (5\text{-}26)$$

$$C_{\mathrm{ES,k}} = \sum_{t=1}^{T} MC_2^{\mathrm{k}} r_{\mathrm{k},t}^{\mathrm{Emil}} \quad (5\text{-}27)$$

式中：n_k^{ES} 为储能集群 k 的综合调频性能指标；λ_t^{cap}，λ_t^{mil} 分别为调频容量和
里程出清价格，元/kWh；$r_{k,t}^{Ecap}$、$r_{k,t}^{Emil}$ 为 t 时段储能集群 k 中标的调频容量和
调频里程，kWh；MC_2^k 为储能集群 k 的调频单位成本，元/kWh。

　　储能集群的报价报量需要考虑储能集群报价约束、申报容量约束和荷电
状态约束。

　　（1）储能集群报价约束，见式（5-28）：

$$b_{k,min}^{Emil} \leqslant b_{k,t}^{Emil} \leqslant b_{k,max}^{Emil} \qquad (5\text{-}28)$$

式中：$b_{k,t}^{Emil}$ 为储能集群 t 时段报价，元/kWh；$b_{k,max}^{Emil}$、$b_{k,min}^{Emil}$ 为市场最高与最低
报价，元/kWh。

　　（2）申报容量约束。本文储能集群参与调频辅助服务市场时预留的调频
容量不应超过最大的调频容量，见式（5-29）：

$$\begin{cases} 0 \leqslant R_{k,t}^{Ecap} \leqslant R_{k,max}^{Ecap} \\ 0 \leqslant R_{k,t}^{Emil} \leqslant s_k^{ES} R_{k,max}^{Ecap} \end{cases} \qquad (5\text{-}29)$$

式中：$R_{k,t}^{Ecap}$、$R_{k,t}^{Emil}$ 表示 t 时段储能集群 k 申报的调频容量和调频里程，kWh；
$R_{k,max}^{Ecap}$ 为储能集群 k 的最大调频容量，kWh；s_k^{ES} 为储能集群 k 的历史调频里
程调用系数（调频里程乘子）；$s_k^{ES} R_{k,max}^{Ecap}$ 表示储能集群 k 可能被调用的调频里
程值，kWh。

　　（3）荷电状态约束。储能每个时刻的能量状态不可超过其可储存能量
的上下限，同时，要求运行结束后储能电量恢复到初始状态，见式（5-30）、
式（5-31）：

$$\begin{cases} E_k^{ES}(t) = E_k^{ES}(t-1) + (P_t^{ch}\eta_k^{ch} - P_t^{dis}/\eta_k^{dis})\Delta t \\ S_k^{min} E_k \leqslant E_k^{ES}(t) \leqslant S_k^{max} E_k \end{cases} \qquad (5\text{-}30)$$

$$E_k^{ES}(0) = E_k^{ES}(T) \qquad (5\text{-}31)$$

式中：$E_k^{ES}(t)$ 表示储能集群 k 在 t 时段电量，kWh；η_k^{ch}、η_k^{dis} 表示储能集群充
放电的效率，%；E_k 为储能集群的额定容量，kWh；S_k^{min}、S_k^{max} 分别为储能
集群的最小和最大荷电状态，%。

　　储能集群同时参与电能量市场和调频辅助服务市场，需要预留出一部分
容量，以备 AGC 的调用，所以储能集群需要预留功率容量和电量裕度，见
式（5-32）、式（5-33）：

$$\begin{cases} 0 \leqslant R_{k,t}^{Ecap} + P_{k,t}^{ch} \leqslant P_{k,max}^{ch} \\ 0 \leqslant R_{k,t}^{Ecap} + P_{k,t}^{dis} \leqslant P_{k,max}^{dis} \end{cases} \qquad (5\text{-}32)$$

$$S_k^{\min} E_k + R_{k,t}^{\text{Ecap}} t_{\text{AGC}} \leq E_k^{\text{ES}}(t) \leq S_k^{\max} E_k - R_{k,t}^{\text{Ecap}} t_{\text{AGC}} \tag{5-33}$$

式中：t_{AGC} 表示调用时要求的 AGC 持续运行时间，h。

3. 下层常规机组决策模型

火电机组获得的调频收益 F_G 由机组 m 调频辅助服务市场收益 $f_{G,m}$ 以及调频成本 C_{OP}^G 构成。目标函数见式（5-34）～式（5-36）：

$$\max F_G = \sum_{m=1}^{N_G} f_{G,m} - C_{\text{OP}}^G \tag{5-34}$$

$$f_{G,m} = n_m^G \sum_{t=1}^{T} (\lambda_t^{\text{cap}} r_{m,t}^{\text{Gcap}} + \lambda_t^{\text{mil}} r_{m,t}^{\text{Gmi}}) \tag{5-35}$$

$$C_{\text{OP}}^G = \sum_{m=1}^{N_G} \sum_{t=1}^{T} MC_2^m \cdot r_{m,t}^{\text{Gmil}} \tag{5-36}$$

式中：N_G 为火电机组的数量；n_m^G 表示火电机组 m 的综合调频性能指标；$r_{m,t}^{\text{Gcap}}$、$r_{m,t}^{\text{Gmi}}$ 为 t 时刻火电机组 m 在调频市场中标的调频容量和调频里程，kWh；MC_2^m 为机组的单位调频成本，元/kWh。

（1）申报容量约束，见式（5-37）：

$$\begin{cases} 0 \leq R_{m,t}^{\text{Gcap}} \leq R_{m,\max}^{\text{Gcap}} \\ 0 \leq R_{m,t}^{\text{Gmil}} \leq s_m^G R_{m,\max}^{\text{Gcap}} \\ R_{m,t}^{\text{Gcap}} + P_m^{\min} \leq P_{m,t} \leq P_m^{\max} - R_{m,t}^{\text{Gcap}} \end{cases} \tag{5-37}$$

式中：$R_{m,t}^{\text{Gcap}}$、$R_{m,t}^{\text{Gmil}}$ 表示 t 时段常规机组 m 申报的调频容量和调频里程，kWh；$P_{m,t}$ 为常规机组 m 在日前调度 t 时刻的出力，kWh；$P_m^{\max}$、$P_m^{\min}$ 分别为常规机组 m 的最大、最小出力，kWh；$R_{m,\max}^{\text{Gcap}}$ 为常规机组 m 的最大调频容量，kWh；s_m^G 为常规机组 m 的调频里程乘子。

（2）申报价格约束。火电机组根据自身发电成本进行报价，见式（5-38）：

$$\begin{cases} b_{m,\min}^{\text{Gcap}} \leq b_{m,t}^{\text{Gcap}} \leq b_{m,\max}^{\text{Gcap}} \\ b_{m,\min}^{\text{Gmil}} \leq b_{m,t}^{\text{Gmil}} \leq b_{m,\max}^{\text{Gmil}} \end{cases} \tag{5-38}$$

（3）火电机组爬坡约束，见式（5-39）、式（5-40）：

$$P_{m,t} - P_{m,t-1} \leq \Delta P_m^u \tag{5-39}$$

$$P_{m,t-1} - P_{m,t} \leq \Delta P_m^d \tag{5-40}$$

式中：ΔP_m^u、ΔP_m^d 分别为火电机组 m 在一个调度时段允许升降的出力，kWh。

5.3 储能集群内部收益分配策略

基于外部博弈，可以得到储能集群参与日前辅助服务市场的中标量、中标价格以及获得收益，储能集群运营商需合理优化调度集群内部各储能电站，使储能集群的运行成本最低。

5.3.1 调峰市场模型

在已知各时段储能集群调峰中标量的基础上，考虑储能调峰的经济性并积极调动不同储能电站参与辅助服务，以储能集群总调峰成本最小和各机组的出力偏差和最小为目标函数，构建储能集群调峰的优化调度模型。

1. 目标函数，见式（5-41）

$$C_{\mathrm{PE}} = \min \sum_{t=1}^{T_{\mathrm{PE}}} \sum_{i=1}^{I} x_{\mathrm{PE},i,t} MC_{\mathrm{PE},i,t} \tag{5-41}$$

$$W_{\mathrm{PE}} = \min \sum_{t=1}^{T_{\mathrm{PE}}} \sum_{i=1}^{I} \left| x_{\mathrm{PE},i,t} - \bar{x}_{\mathrm{PE},t} \right| \tag{5-42}$$

式中：C_{PE} 为储能集群日前调峰的成本，元/kWh；W_{PE} 为储能主体之间的调峰偏差量之和，kWh；$MC_{\mathrm{PE},i,t}$ 为储能电站 i 在 t 时段的单位成本，元/kWh；T_{PE} 为一天中调峰时段个数，$x_{\mathrm{PE},i,t}$ 为储能主体 i 在 t 时段的调峰量，kWh；$\bar{x}_{\mathrm{PE},t}$ 为 t 时段储能集群调峰量的平均值，kWh。

2. 约束条件

（1）荷电状态约束，见式（5-43）：

$$SOC_{\mathrm{PE},i}(t) = \begin{cases} SOC_{\mathrm{PE},i}(t-1) + \dfrac{1}{\eta_i^-} x_{\mathrm{PE},i}(t), x_{\mathrm{PE},i}(t) \leqslant 0 \\ SOC_{\mathrm{PE},i}(t-1) + \eta_i^+ x_{\mathrm{PE},i}(t), x_{\mathrm{PE},i}(t) > 0 \end{cases} \tag{5-43}$$

式中：$SOC_{\mathrm{PE},i}(t)$ 为储能 i 在 t 时段的荷电状态，%；$SOC_{\mathrm{PE},i}(t-1)$ 为储能主体 i 在 $(t-1)$ 时刻的荷电状态，%；η_i^- 为储能 i 的放电效率，%；η_i^+ 为储能 i 的充电效率，%。

（2）储能出力约束，储能主体 i 在 t 时段出力不能超过储能出力的最大值 $x_{\mathrm{PE},i}^{\max}$，见式（5-44）：

$$0 \leqslant x_{\mathrm{PE},i,t} \leqslant x_{\mathrm{PE},i}^{\max} \tag{5-44}$$

（3）电量平衡约束。所有储能主体在 t 时段的调峰量之和等于该时段储

能集群的中标量 $X_{\text{PE},t}$，见式（5-45）：

$$\sum_{i=1}^{I} x_{\text{PE},i,t} = X_{\text{PE},t} \tag{5-45}$$

5.3.2 调频市场模型

与调峰原理相同，通过储能集群外部博弈得到储能日前中标量，考虑储能集群参与调频的成本并积极调动不同成本类型的储能参与调频，建立以储能集群参与调频的总成本最小和不同储能主体之间的出力偏差最小的目标函数，对储能集群的调频中标量进行分配。

1. 目标函数［见式（5-46）、式（5-47）］

$$C_{\text{FM}} = \min \sum_{t=1}^{T_{\text{FM}}} \sum_{i=1}^{I} x_{\text{FM},i,t} MC_{\text{FM},i,t} \tag{5-46}$$

$$W_{\text{FM}} = \min \sum_{t=1}^{T_{\text{FM}}} \sum_{i=1}^{I} \left| x_{\text{FM},i,t} - \overline{x}_{\text{FM},t} \right| \tag{5-47}$$

式中：C_{FM} 为储能集群日前调频总成本，元/kWh；W_{FM} 为不同储能电站之间调频出力偏差之和，kWh；T_{FM} 为将一天分为 T 个调频时点；I 为储能集群中共有 I 个储能电站；$x_{\text{FM},i,t}$ 为第 i 个储能电站在 t 时段的调频量，kWh；$MC_{\text{FM},i,t}$ 为第 i 个储能电站在 t 时段调频的单位成本，元/kWh；$\overline{x}_{\text{FM},t}$ 为 t 时段储能集群调频量的平均值，kWh。

2. 约束条件

（1）荷电状态约束，见式（5-48）：

$$SOC_{\text{FM},i}(t) = \begin{cases} SOC_{\text{FM},i}(t-1) + \dfrac{1}{\eta_i^-} x_{\text{FM},i}(t), x_{\text{FM},i}(t) \leqslant 0 \\ SOC_{\text{FM},i}(t-1) + \eta_i^+ x_{\text{FM},i}(t), x_{\text{FM},i}(t) > 0 \end{cases} \tag{5-48}$$

式中：$SOC_{\text{FM},i}(t)$ 为储能电站 i 在 t 时段的荷电状态，%；$SOC_{\text{FM},i}(t-1)$ 为储能电站 i 在 $(t-1)$ 时段下的荷电状态，%；η_i^- 为储能电站 i 的放电效率，%；η_i^+ 为储能电站 i 的充电效率，%。

（2）储能出力约束。储能电站 i 在 t 时段出力不能超过储能出力的最大值 $x_{\text{FM},i}^{\max}$，见式（5-49）：

$$0 \leqslant x_{\text{FM},i,t} \leqslant x_{\text{FM},i}^{\max} \tag{5-49}$$

（3）功率平衡约束。所有储能电站在 t 时段的调频量之和等于该时段的调频中标量 $X_{\text{FM},t}$，见式（5-50）：

$$\sum_{i=1}^{I} x_{\mathrm{FM},i,t} = X_{\mathrm{FM},t} \qquad (5\text{-}50)$$

5.4 案 例 分 析

5.4.1 储能集群参与辅助服务市场案例解析

1. 储能参与调峰市场算例分析

为验证本章节所提双层优化模型的有效性和合理性，以储能电站及火电机组共同参与调峰辅助服务市场某日模拟运行数据来构造算例,由储能系统、火电机组共同参与调峰辅助服务,基于 MATLAB CPLEX 软件进行算例分析。电网中的某区域发现调峰容量不足，因此某区域可以作为需求方，向调峰服务市场交易平台进行申报，通常可以申报计算日 24 个时段的调峰容量需求。储能电站、机组调峰申报容量见图 5-1。

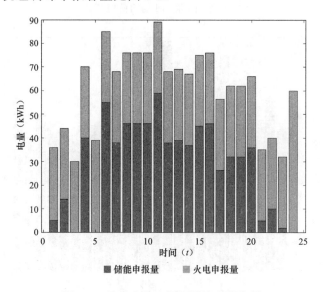

图 5-1　储能电站、机组调峰申报容量

根据上述原始数据，对建立的出清模型进行验证分析。储能 t 时刻的荷电状态见图 5-2 所示，调峰电量中标情况见图 5-3。

储能参与调峰电量的报价维持在 9.6 元/kWh 左右，火电参与调峰的电量报价在 0～9.6 元/kWh。储能和火电机组的出清价格均在申报价格的范围内。

结合图 5-3 可知，某区域调峰电量需求也呈波动下降趋势。调峰市场出清价格曲线与调峰电量需求曲线走势基本一致。

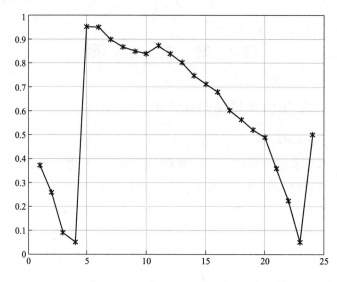

图 5-2　储能 t 时刻的荷电状态

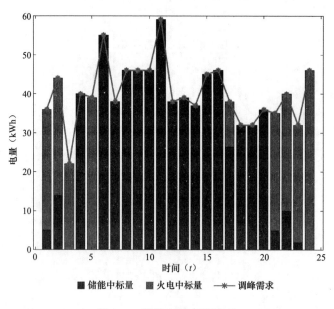

图 5-3　调峰电量中标情况

　　图 5-2 和图 5-3 对比可以看出，所有储能在时段 t 的中标调峰电量之和略小于所有储能在时段 t 的可售调峰电量之和，以避免中标的调峰电量越限。储能集群总中标容量约占总调峰需求的 48.71%，承担了调峰市场的重要任

务。虽然不及火电参与调峰市场的比重,但是与火电机组相比具有更好的调峰特性,储能作为一种优质的、具有成熟大规模应用技术条件的双向调节资源,是一种重要的调峰手段,能够缓解调峰需求量增大对常规机组的影响,减少常规机组频繁降出力产生的损耗。

储能电站参与调峰辅助服务市场一方面可解决当前电力市场调峰资源紧张、调峰困难等问题,另一方面能够带来很大的经济效益。市场主体调峰收益见表 5-1。

表 5-1 市 场 主 体 调 峰 收 益

市场主体	调峰成本(元)	调峰净收益(元)
储能系统	7512	30100
火电机组	7860	58320

2. 储能参与调频市场算例分析

为验证本文所提双层优化模型的有效性和合理性,本文采用某地区 3 台火电机组、1 个储能集群为测试系统。以 15min 为单个调度时段,电力调度机构对调频市场进行以 1h 为间隔的出清。取每个出清时段系统所需调频容量资源为当前时段负荷的 5%。火电机组参数见表 5-2。储能集群参数见表 5-3。系统所需调频容量及调频里程见图 5-4。

表 5-2 火 电 机 组 参 数

机组	火电机组出力上限(MW)	火电机组出力下限(MW)	调频最大出力(MW)	综合边际成本(元/MWh)	调频因子	调频容量报价(元/kWh)	调频里程报价(元/kWh)
G1	220	90	20	6	7	40	15
G2	100	10	30	5	10	38	12
G3	20	10	20	4	7	30	10

表 5-3 储 能 集 群 参 数

机组	最大充电功率(MW)	最大放电功率(MW)	调频最大出力(MW)	综合边际成本(元/MWh)	储能调频因子	充放电效率比	最大调频因子	最小调频因子
N1	25	25	20	9.02	11	0.95	0.9	0.1

(1)市场主体中标情况分析。各市场主体在调频市场的调频容量和里程中标情况见图 5-5。由于储能集群同一时间只能进行一种功能(调频或者套

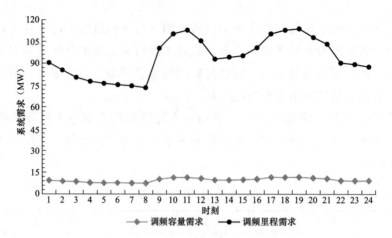

图 5-4 系统所需调频容量及调频里程

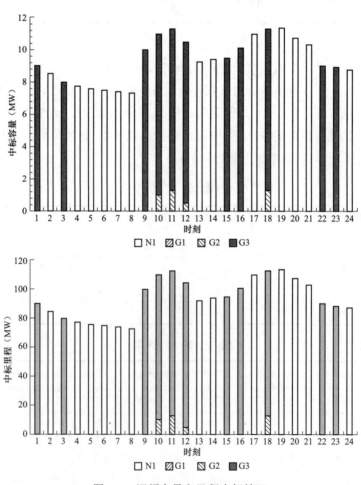

图 5-5 调频容量和里程中标情况

利），在 9:00—10:00 时段放电，在 11:00—12:00 时段充电，故 9:00—12:00 时段的调频需求全部由火电机组满足。储能集群 N1 总装机容量仅占火电机组总装机的 6%，总中标容量约占总调频需求的 51.8%，承担了调频市场的主要任务。与火电机组相比具有更好的调频特性，在提供相同的调频里程时，储能响应调频信号的速度更快，可以提供更多的调频里程。因此作为优质的调频资源，能够在调频市场上优先被调用。

（2）储能集群报价策略，见图 5-6。可以看出，调频里程的报价始终保持在 6～11 元，调频容量的出清价格维持在 19～28 元，在政策设置的报价范围之内。储能的调频里程报价在火电机组的报价范围之间，调频容量报价始终小于火电机组。这是由于储能集群综合考虑了其他主体的报价策略以及自身运行特性，在市场中进行策略性报价，以实现自身收益的最大化。

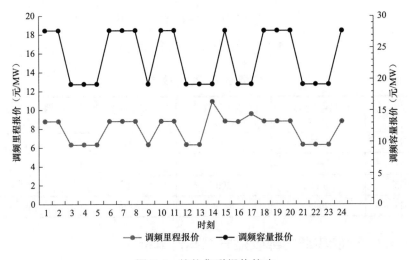

图 5-6 储能集群报价策略

（3）出清价格分析。调频辅助服务市场出清价格见图 5-7，可以看出，调频辅助服务市场的出清价格始终高于储能的报价，而且出清价格的变化趋势和储能报价的变化趋势保持一致。在本文设置的场景下，在各个时段火电机组不是均有在调频市场中标，因此辅助服务市场的出清价格不同于市场主体的报价。

（4）市场主体收益分析。市场主体调频收益见表 5-4。火电机组 G1 承担了电能量市场的大部分需求，几乎在所有时段满发，因此不再参加调频辅助服务市场，其调频总收益亦为 0。市场主体的调频里程收益均远大于其调频容量收益，说明机制设计者应合理设置市场主体在调频辅助服务市场的容量报价和出清价格限制，以激励市场主体参与调频辅助服务，合理利用优质调频资源。

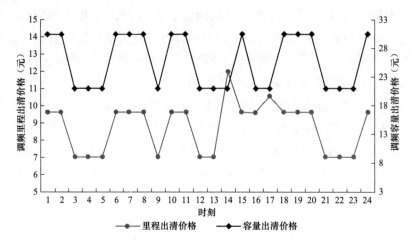

图 5-7   调频辅助服务市场出清价格

表 5-4   市 场 主 体 调 频 收 益

市场主体	调频容量收益 （元）	调频里程收益 （元）	调频成本 （元）	调频总收益 （元）
N1	3032	10639	7011	6662
G1	—	—	—	—
G2	122	390	210	302
G3	2648	8829	4176	7301

5.4.2   储能集群内部收益分配案例解析

在储能集群外部博弈获得的调峰、调频和紧急功率支撑中标量和收益的基础上，研究由抽水蓄能、压缩空气储能、磷酸铁锂电池和液流电池构成的储能集群，在考虑到储能集群参与辅助服务成本的基础上积极调动不同单位成本的储能，对储能集群获得的日前辅助服务中标量在不同储能主体之间进行分配。

1. 输入参数

储能集群内部博弈以外部博弈获得的中标量作为需求量的输入参数，同时以第三章中的 3.4.2 不同类型储能的边际成本作为储能单位成本的输入参数。储能集群参与调峰和紧急功率支撑的中标量见表 5-5。储能集群参与调频的中标量见表 5-6。

表 5-5 　　　　　　　　　储能集群参与调峰和紧急功率支撑的中标量

时点	1	2	3	4	5	6	7	8	9	10	11	12	13	14	15	16	17	18	19	20	21	22	23	24
调峰中标量（MW）	0	0	0	0	0	0	0	0	15	20	4	24	10	17	5	6	8	0	0	0	0	0	0	0
紧急功率支撑中标量（MW）	0	0	0	0	0	0	0	0	0	0	0	150	0	0	0	0	0	0	0	200	0	0	0	0

表 5-6 　　　　　　　　　　　　储能集群参与调频的中标量

时点	1	2	3	4	5	6	7	8	9	10	11	12	13	14	15	16	17	18	19	20	21	22	23	24
中标量（MW）	0	0	0	0	2	20	20	20	0	0	0	0	17.5	20	20	20	16	20	20	20	15	20	20	20
时点	25	26	27	28	29	30	31	32	33	34	35	36	37	38	39	40	41	42	43	44	45	46	47	48
中标量（MW）	14	20	20	20	13	20	20	20	0	0	0	0	0	0	0	0	0	0	0	0	0	0	0	0
时点	49	50	51	52	53	54	55	56	57	58	59	60	61	62	63	64	65	66	67	68	69	70	71	72
中标量（MW）	24	23	23	23	25	23	23	23	0	0	0	0	0	0	0	0	29	27	27	27	0	0	0	0
时点	73	74	75	76	77	78	79	80	81	82	83	84	85	86	87	88	89	90	91	92	93	94	95	96
中标量（MW）	28	28	28	30	27	27	27	27	28	25	25	25	0	0	0	0	0	0	0	0	22	22	22	22

2. 结果分析

不同储能主体参与调峰和调频的出力量分别见图 5-8 和图 5-9。可知在调峰方面，抽水蓄能的成本相对较低，磷酸铁锂电池和液流电池次之，所以储能集群在调峰时一般优先调用抽水蓄能，其次调用磷酸铁锂电池储能和液流电池储能，对抽水蓄能的调用量也会更大一些，在调峰方面对压缩空气储能的调用较少；在调频方面，磷酸铁锂电池储能的成本更低，调用量更高，其次为液流电池储能和抽水蓄能。

根据不同储能主体参与辅助服务的出力，对储能集群获得的收益进行分配，不同储能主体在不同辅助服务下 24h 的出力总量见表 5-7。由外部博弈获得的收益可知，储能集群调峰的收益为 15238 元，调频的收益为 13671.62 元。不同储能主体在不同辅助服务下的收益见表 5-8，不同储能主体根据各自参与辅助服务的出力量获得了相对应的收益。

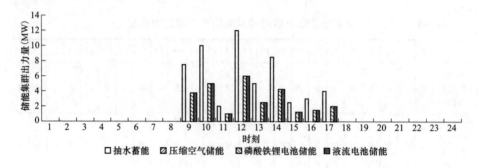

图 5-8 储能集群参与调峰各机组出力量

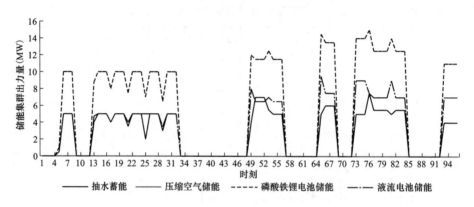

图 5-9 储能集群参与调频各机组出力量

表 5-7 不同储能主体在不同辅助服务下 24h 出力总量

类别	抽水蓄能	压缩空气储能	磷酸铁锂电池储能	液流电池储能
调峰（MWh）	54.5	0	27.25	27.25
调频（MW）	257.5	0	569.75	318.2

表 5-8 不同储能主体在不同辅助服务下的收益

类别	抽水蓄能	压缩空气储能	磷酸铁锂电池储能	液流电池储能
调峰（元）	7619	0	3809.5	3809.5
调频（元）	3073.41	0	6800.31	3797.90

5.4.3 敏感性因素分析

为深入研究储能参与辅助服务价格敏感性因素，基于储能参与市场的整个交易流程，从供需变化的角度提出储能参与辅助服务的成本和辅助服务需求量两个敏感性指标，针对这两个指标研究其对储能参与辅助服务市场出清价格的影响。

（1）储能调峰需求量对调峰辅助服务市场出清价格的影响（见图 5-10）。

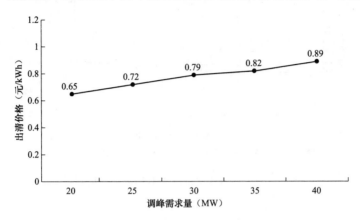

图 5-10　储能调峰需求量对调峰辅助服务市场出清价格的影响

随着调峰需求量的增加，出清价格呈现上升趋势，这意味着市场对峰时电力需求的调节要求更高，储能系统的调节能力需求增加，从而导致出清价格的上升。图 5-10 中的折线显示了调峰需求量和出清价格之间的非线性关系。价格的变化幅度在不同的调峰需求量范围内可能不同。

（2）储能调峰单位成本对出清价格的影响（见图 5-11）。从图中可以看出，储能调峰成本和出清价格呈正相关，如果储能系统的调峰成本较高，为了覆盖成本和实现盈利，储能系统在参与调峰辅助服务市场时可能会要求较高的出清价格。

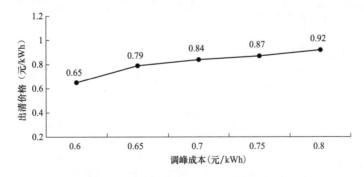

图 5-11　储能调峰单位成本对出清价格的影响

（3）储能调频单位成本对出清价格的影响（见图 5-12）。可以看出随着调频单位成本的增加，储能参与调频时的出清价格也会增加，呈正相关趋势。

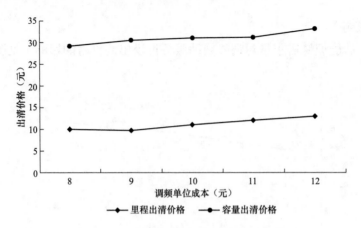

图 5-12　储能调频单位成本对出清价格的影响

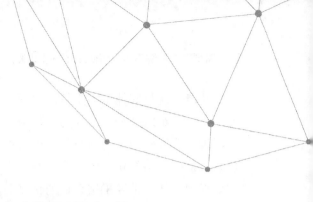

储能参与电力辅助服务的市场仿真系统

6.1 储能参与电力辅助服务仿真基本架构

6.1.1 储能参与电力辅助服务仿真概述

随着全球能源结构转型和可再生能源的大规模接入，电力系统面临诸多挑战，如电力供需不平衡、电网稳定性下降、可再生能源的间歇性和波动性等问题。在这一背景下，储能技术以其独特的灵活性和可控性，成为解决电力系统问题的重要手段之一。储能系统能够平衡电力供需，提高电网稳定性，优化资源配置，降低运行成本，对于电力系统的可持续发展具有重要意义。

在平衡电力供需方面，储能系统能够在电力需求高峰时释放电能，在电力供应过剩时吸收电能，从而平衡电力供需，减少电网波动；在提高电网稳定性方面，储能系统能够快速响应电网的功率波动，提供稳定的电力支持，增强电网的抗干扰能力和韧性；在优化资源配置方面，储能系统能够优化电力资源的配置和调度，降低电力成本，提高电力利用效率。同时，储能资源的并网也可促进可再生能源的消纳：储能系统能够与可再生能源相结合，通过储能系统平抑可再生能源的出力波动，提高可再生能源的消纳能力。但尽管储能技术在电力系统中的应用具有诸多优势，但在实际运行中仍存在一些问题。这些问题在电力系统仿真中也需要得到充分考虑和验证。储能系统的建模精度直接影响到仿真结果的准确性和可靠性。如何建立准确的储能系统模型，包括电池性能、充放电策略、寿命衰减等因素，是电力系统仿真中需要解决的重要问题。在储能系统的优化调度方面，储能系统的优化调度是电力系统运行中的关键问题。如何在保证电网稳定性的前提下，实现储能系统的最大化利用，降低运行成本，是电力系统仿真中需要深入研究的内容。同时，储能系统与其他电力系统的协同作用不容忽视。储能系统作为电力系统的一个重要组成部分，需要与其他电力系统元素（如可再生能源、柔性负荷等）进行协同作用。如何在仿真中模拟这种协同作用，评估其对电力系统的影响，是电力系统仿真中需要解决的重要问题。为了验证储能参与电力系统的效果和性能，需要采用合适的仿真验证方法。随着计算机技术的发展，基于多主体的仿真方法得到了广泛的应用，同时出现了各种启发式智能算法和强化学习等人工智能技术对参与电力市场主体的行为进行更细致的模拟。基于多主体的仿真方法因具有易于分析动态过程、多主体自适应性行为以及复杂系统运行过程等优越性，成为当下一种重要的研究方式。

储能参与电力系统仿真是一项复杂而重要的工作。通过合理的仿真验证方法，可以全面评估储能系统在电力系统中的作用和潜力，为电力系统的规划、运行和优化提供科学依据。

6.1.2 储能参与电力辅助服务仿真意义

储能资源的灵活高效调节能力对于电网稳定性具有重要作用。但如何在保障电网稳定性的基础下，实现储能资源的优化利用是进行储能参与电力辅助服务仿真运行的重要意义。

1. 验证储能技术的有效性

电力系统仿真能够提供一个高度可控、可重复的实验环境，用于验证多类型储能参与电力市场辅助服务的有效性。本书通过构建电力系统模型，并将储能设备集成到模型中，仿真模拟各种运行场景，如负荷波动、可再生能源出力变化等，以观察多类型储能系统的响应和性能。这种验证方式不仅能够在实际系统投入运行前评估储能技术的效果，还能够为多类型储能技术的选择和优化提供重要参考。

2. 优化储能系统的配置与运行

电力系统仿真能够模拟储能系统的充放电过程、能量管理策略等，从而优化储能系统的配置与运行。通过仿真，可以评估不同储能设备的性能、成本以及对电力系统的影响，为储能设备的选型提供科学依据。同时，仿真还能够模拟不同的能量管理策略，如峰谷电价策略、需求响应策略等，以优化储能系统的运行效率和经济效益。

3. 评估储能技术对电力系统的影响

电力系统仿真能够评估储能技术对电力系统的影响，包括电力系统的稳定性、经济性、可靠性等方面。通过仿真，可以观察储能系统在平衡电力供需、缓解电网拥堵、提高可再生能源消纳等方面的作用,从而评估储能技术对电力系统整体的贡献。此外,仿真还能够评估储能系统对电力系统故障和异常情况的影响,为电力系统的安全稳定运行提供重要保障。

4. 支持电力市场的设计和运营

随着电力市场的逐步开放,储能技术作为电力市场的重要参与者,对于电力市场的设计和运营具有重要影响。电力系统仿真可以模拟电力市场的运行情况,包括电价机制、交易规则、市场竞争等方面,以评估储能技术在电力市场中的作用和潜力。通过仿真,可以研究储能系统如何参与电力市场的交易和竞争,为电力市场的设计和运营提供重要参考。

5. 推动储能技术的创新和发展

电力系统仿真不仅可以评估现有储能技术的性能和应用效果,还可以推动储能技术的创新和发展。通过仿真,可以发现储能技术在电力系统应用中的问题和挑战,为储能技术的改进和创新提供方向。同时,仿真还可以模拟新型储能技术的性能和应用场景,为新型储能技术的研发和推广提供重要支持。

6.2 仿真平台概述及平台功能设计

6.2.1 仿真平台概述

仿真平台采用面向对象的编程技术,开发储能综合价值评估与市场仿真平台。根据电力辅助服务主体对象和环境对象的构成,仿真平台将辅助服务供给主体、需求主体、供给侧资源、需求侧资源、辅助服务交易品种合同分别细分封装为相应的类,即管理主体类(系统中交易机构、调度机构的角色)、供应主体类(系统中的储能系统、发电企业等辅助服务供应的角色)、需求主体类(系统中电网企业、火电企业、新能源企业等辅助服务需求的角色)、发电机组资源类、网架资源类、负荷资源类、储能资源类、电力电量合同类、辅助服务需求等。仿真系统将各主体的物理、经济、社会属性参数及相应的行为、决策函数等封装到对应的类。

1. 仿真平台中类的封装

针对电力辅助服务涉及的主要利益主体,仿真平台应用 Python 对其进行了类的封装,具体见表 6-1。

表 6-1   储能综合价值评估与市场仿真平台类的封装

模块名称	类	封装内容	备　注
供需主体	Agent	编号、名称、类型、电量合同信息、关联主体信息、设备资源信息、行为函数等	子类 AgentMgr、AgentSply 和 AgentDmd 分别对应管理主体、供应主体和需求主体
电量合同	Contract	编号、名称、类型、规模、供应时段、供需曲线、关联主体、关联资源等	电量合同是能源交易、供应、消纳等行为的执行依据,是各主体交互的媒介
发电资源	Rgeneration	编号、名称、类型、容量、出力区间、关联主体、关联合同等	负责电力供应
网架资源	Rnetwork	编号、名称、容量等	负责电力传输
负荷资源	Rload	编号、名称、类型、功率、负荷区间、负荷曲线、关联主体、关联合同等	电力消纳
储能资源	Rstorage	编号、名称、类型、容量、充放效率、关联主体等	平衡系统供需
交易组织	Organization	编号、名称、关联主体、资源信息等	组织供需主体进行电量交易

通过类的封装,电力辅助服务各主体、资源设备等对象可分别对应到仿真平台,各主体的能量交易、供应、消纳等决策行为分别对应封装到仿真平台的 Agent,实现面向对象的仿真运行。

2. **仿真平台的数据表格设计**

为了保证储能综合价值评估与市场仿真平台仿真过程数据的读入,保存仿真输出的大量数据,仿真平台基于 ADO 和 ODBC 技术连接 MySQL 作为后台数据库,构建了数据库 MEISS_DB 作为仿真过程中数据调用、存储的后台支持。MEISS_DB 中设置了多个表格对应保存各模块的仿真数据,详细的表格设置见表 6-2。

表 6-2   MEISS_DB 数据库的各表格概述

类别	输　入	公　式	输　出
输入参数	单位容量成本 U_E		
输入参数	单位功率成本 U_P	$C_{inv} = U_E Q_E + U_P W_P$	储能的初始投资成本 C_{inv}
输入参数	储能系统容量 Q_E		
输入参数	储能功率 W_P		

类别	输　入	公　式	输　出
输入参数	单位容量维护成本 $U_{E,OM}$	$C_{OM}=U_{E,OM}Q_E+U_{P,OM}W_P+U_{labor}n_{labor}$	储能全生命周期的运维成本 C_{OM}
输入参数	单位功率维护成本 $U_{P,OM}$		
输入参数	运维人员数量 n_{labor}		
输入参数	每人每年费用 U_{labor}		
输入参数	单位容量替换成本 $U_{R,E}$	$C_R=U_{R,E}Q_E+U_{R,P}W_P$	储能全生命周期的替换成本 C_R
输入参数	单位功率替换成本 $U_{R,P}$		
输入参数	单位容量回收成本 $U_{Rec,E}$	$C_{Rec}=U_{Rec,E}Q_E+U_{Rec,P}W_P$	储能的回收成本 C_{Rec}
输入参数	单位功率回收成本 $U_{Rec,P}$		
输入参数	储能的使用年限 N	$E_{total}=\sum_{N=1}^{N}Q_En\theta_{DOD}\eta\xi$	储能全生命周期的总电量 E_{total}
输入参数	循环容量保持率 ζ		
输入参数	储能系统容量 Q_E		
输入参数	充放电效率 η		
输入参数	储能系统循环深度 θ_{DOD}		
输入参数	年循环次数 n		
输入参数	总容量成本	单位容量成本 $=\dfrac{C_E+C_{E,OM}+C_{E,labor}+C_{E,R}}{E_{total}}$	储能的单位容量成本
输入参数	总处理电量 E_{total}		
输入参数	t 时段的调峰电量 Q_t	$C_C=\dfrac{Q_t\cdot p\cdot\theta_{DOD}}{\eta}$	调峰充电成本 C_C
输入参数	充电电价 P		
输入参数	放电循环深度 θ_{DOD}		
输入参数	充放电效率 η		
输入参数	机组运行影响系数 β	$C_{M1}=\dfrac{\beta S}{2N_f}$	机械磨损成本 C_{M1}
输入参数	转子致裂循环周次 N_f		
输入参数	机组投资成本 S		

仿真平台应用 ADO 技术，实现了数据库的实时调用，系统建模及仿真过程中数据的读入和存储功能。

6.2.2　平台功能设计

仿真平台具有模型构建、仿真运行、仿真分析等功能。其中，仿真平台将各主体对象和环境对象属性及行为函数进行模块化封装，实现了系统的建模功能；以系统仿真流程为主线，实现了储能综合价值评估与市场仿真平台的仿真运行；以 MySQL 作为系统的数据库后台，实现了系统仿真数据的输入、读入、输出、保存、处理、分析功能。

1. 构建仿真模型功能

在构建仿真模型方面，仿真平台可实现实验方案设置、图形化建模、模块参数设置等功能。

（1）实验方案设置。仿真平台可基于实际的区域电力系统研究，提取研究中主体对象、环境对象等要素，设计相应的实验方案。操作者通过提取、输入实验编号、仿真次数、仿真年限、对象数量等信息，设计实验方案，并在后续操作中细化实验参数。仿真实验方案设置见图 6-1。

初始参数设置			
实验编号：	0	管理主体：	0
仿真次数：	0	供给主体：	0
仿真年限：	0	需求主体：	0
初始微网：	0	资源规模：	0
初始组织：	0	电源数量：	0
初始群体：	0	负荷数量：	0
初始合同：	0	储能数量：	0
初始信息：	0	电网数量：	0
确定		取消	

图 6-1　仿真实验方案设置

（2）图形化建模。仿真平台将程序中细分的各类分别对应设置了相应的图形化模块，图形化建模示例见图 6-2。操作者根据初始方案参数，将相应模块拖拽到图 6-2 右侧画布构建仿真模型，实现图形化建模。系统的图形化建模功能便于操作者更直观地构建模型、设置模块间关系及参数、修改模型，实现了模型的可视化功能。

（3）模块参数设置。仿真模型构建完毕后，操作者可点击各模块，对其进行详细的参数设置，进行赋值。通过模块参数设置，仿真案例中各主体对象、环境对象的信息可对应实际案例中的主体及环境信息，进行详尽的赋值，从而确保仿真实验充分接近电力系统实际的运行情况。模块参数设置示例见

图 6-3。

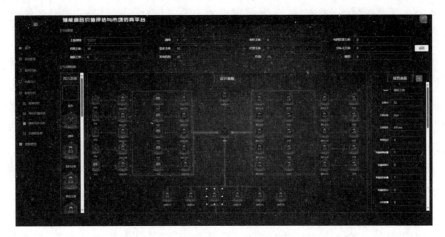

图 6-2　图形化建模示例

图 6-3　模块参数设置示例

仿真平台的图形化建模功能可有效地将实际的研究案例对应设计成仿真实验，并形成图形化可视化的仿真模型，可大大提高操作者建模和输入参数的效率，实现仿真实验同实际案例的一一对应，从而使仿真实验更符合系统实际的运行情况。图形化建模输入的参数通过连接 MySQL 进行保存，并在后续的仿真运行过程中调入。

2. 系统仿真运行功能

基于储能综合价值评估与市场仿真平台仿真流程，仿真平台实现了运行过程的仿真运行。仿真系统以小时为仿真步长，模拟电力系统一年 8760h 的运行过程，该部分功能主要包含：系统整体运行仿真、主体行为过程仿真、

主体间交互过程仿真、主体决策过程仿真。

（1）系统整体运行仿真。仿真平台按照时间顺序进行区域电力系统能源交易、能源实时平衡等多主体供需互动行为。通过多主体复杂交互行为，实现系统的整体运行仿真。其中，能源交易行为主要包含电力现货日前交易、日内节点交易和调峰、调频、紧急功率支撑辅助服务交易等行为；能源实时平衡行为主要包含供需主体执行电量合同，实施调峰、调频、紧急功率支撑辅助服务等行为。通过上述多种复杂行为的驱动，实现储能综合价值评估与市场仿真平台市场交易部分的仿真运行，模拟系统电量合同结构、合同总体偏差、清洁能源比例、辅助服务规模、供需主体交互关系等宏观角度的演化过程。

（2）主体行为过程仿真。通过仿真平台面向对象的编程技术开发，电力系统研究中每一个参与主体的信息及行为特征都可以在构建的仿真模型中输入、保存及封装。因此，仿真系统可模拟研究中单个参与主体一年内各小时的交易、供需平衡等行为过程，实现系统微观角度演化过程的仿真。

（3）主体间交互过程仿真。电力系统中能源交易等多主体交互行为是推动能源供需互动、系统演化的重要驱动力。仿真系统针对主体间的交互行为，构建了现货交易、调峰、调频、紧急功率支撑辅助服务交易等交互行为函数，实现了主体间交互过程的仿真。

（4）主体决策过程仿真。辅助服务供需主体在系统中需实施多种大量复杂的能源交易、供应、消纳行为，针对每一种行为均需做出符合主体自身需求的决策。因此，仿真平台针对系统中各行为函数，均构建了相应的决策函数库，实现在不同情境下做出符合自身需求及利益的决策仿真，为研究不同策略的仿真对比研究提供了平台支持。

3. 系统仿真分析功能

仿真平台在图形化建模、仿真运行过程中会输入、读取、生成大量的数据，平台以 MySQL 作为后台，设计了与仿真平台衔接的数据库，实现了系统仿真分析功能。仿真系统数据库结构见图 6-4，数据库中各表与仿真系统各模块一一对应，保存了建模及仿真运行过程中各模块在各阶段产生的数据。该部分的功能主要包括数据收集、数据处理、结果分析、图形化分析 4 个方面。

（1）数据收集。仿真平台具有数据读入和存储功能。在图形化建模阶段，仿真平台可将模型中输入的数据对应存储到相应的数据表中；在仿真运行的开始阶段，仿真平台可调用数据库中对应各模块的数据，实现仿真方案初始数据的读入；在仿真运行阶段，可将各仿真步长的数据实时对应存储到相应的数据表中。

图 6-4 仿真系统数据库结构

（2）数据处理。仿真平台具有数据筛选、删除等处理功能。仿真过程会产生大量数据，仿真平台可按照主体编号、主体类型、仿真步长、参数变量等筛选出相应的数据，进行后续的仿真分析；仿真平台可按照实验编号、数据表名称等选择删除相应的数据。

（3）结果分析。基于仿真得出的大量数据，应用假设检验等数据分析方法，仿真平台可进行多种仿真结果分析，如仿真平台演化分析、单个主体行为过程分析、多行为策略对比分析等。

（4）图形化分析。基于仿真得出的大量数据，仿真平台进行数据筛选后，连数据图形插件，可实现仿真的图形化分析。

6.3 辅助服务交易流程仿真

为实现储能综合价值评估与市场仿真平台仿真运行，需先设计、提取面向辅助服务供需主体互动行为的仿真流程（见图 6-5）。储能综合价值评估与市场仿真平台仿真流程主要包含交易和能量实时平衡两部分。

目前仿真平台设计了现货交易和辅助服务交易两类交易模块。其中现货交易包含日前交易和日内节点交易；辅助服务包含供给主体提供的调峰、调频和紧急功率支撑服务和需求主体提供的需求响应服务。供用能仿真流程则包含供给主体的能源供应流程和需求主体的能源消费流程，该流程需满足系统能源供应和需求的实时平衡。交易仿真流程包含现货交易和辅助服务交易两部分。

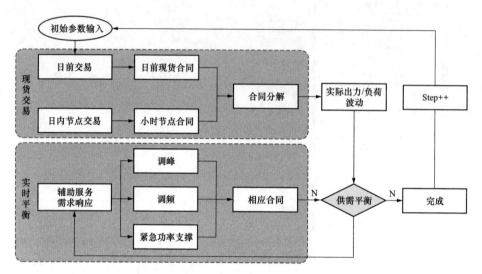

图 6-5　储能综合价值评估与市场仿真平台初步仿真流程

6.3.1　交易仿真流程

1. 现货交易仿真流程

日前交易流程，交易前，电网调度系统会进行必要的数据准备，包括确定机组参数、运行边界条件、电网运行边界条件等条件或约束，参与交易的供需主体提交第二天的电力供应/需求量，并提供相应报价，调度机构根据市场主体的申报情况，利用交易系统进行撮合，确定每个时段的交易电量及其价格统一出清，市场主体之间会根据出清结果签订电力交易合同。

日内节点交易流程，在本系统中，以小时为仿真步长，每日进行 24 次日内节点交易，供需主体提交各日内节点的电力供应/需求量，并提供相应报价，调度机构进行统一出清后，形成日内节点现货合同。

2. 辅助服务交易仿真流程

根据《电力中长期交易基本规则》关于辅助服务交易的规定及相关省市发布的电力辅助服务市场建设规则，本平台设计了辅助服务仿真流程。该部分流程主要包含供给主体提供的调峰、调频、紧急功率支撑三类辅助服务，辅助服务交易根据时间尺度分为日前辅助服务交易和日内节点辅助服务交易。

在辅助服务日前交流仿真流程中，首先确定参与仿真的主体，包括供给主体、需求主体、储能电站等，确定辅助服务种类，如调频、调峰、紧急功率支撑等，以及制定交易规则和价格机制，包括申报价格范围、出清价格确定、费用分担等。供应主体、需求主体分别向调度机构提交参与辅助服务的申请，申请内容包括机组调峰功率/负荷响应功率、报价等信息，调度机构根据各主体申报信息，确定各辅助服务的最低需求，通过算法计算出清价格，按照出清价格和数量，确定各参与主体需要提供的辅助服务。最后按照报价由低到高的原则进行辅助服务优先级排序，生成辅助服务日前合同。

在辅助服务日内节点交易仿真流程中，供应主体、需求主体向调度机构申报各小时节点的辅助服务申请，生成辅助服务日内节点合同，合同生成方式与辅助服务日前交易仿真流程一致。

6.3.2　能量实时平衡仿真流程

交易流程完成后，供需主体执行相应的能量合同，实施能量实时平衡的供需互动行为。实时平衡仿真流程以小时为仿真步长，包含能源供应/消纳和调峰、调频、紧急功率支撑辅助服务两部分。

1. 能源供应/消纳仿真流程

能源供应/消纳仿真流程中，供需主体依照能量合同的规定，实施能源供应和能源消纳行为。该过程主要分为两种情况：第一，供需主体完全按照能源合同实施能源供应、消纳行为；第二，供需主体执行过程中，出现偏差。出现第二种情况时，系统供需不平衡，需其他供给主体实施辅助服务行为，保证系统能量供需实时平衡。

2. 调峰、调频、紧急功率支撑辅助服务仿真流程

系统能量供需不平衡时，申报辅助服务的供给主体，按照报价优先级调整机组出力，从供给侧的角度保证系统能量供需实时平衡。

6.4　案　例　分　析

6.4.1　案例设置

在构建仿真系统的过程中，无法利用实际数据和案例进行分析研究。应用系统仿真方法，可以研究大规模可再生能源装机和并网下的系统平衡及可持续发展路径，充分挖掘辅助服务资源，为储能参与辅助服务市场的政策和

管理体制制定提供可靠的运行模拟和数据支持。

案例设置供给主体、需求主体、储能主体、微网代理主体以及分布式主体。供给主体共 30 个，包括 12 个火力发电主体，12 个风力发电主体和 6 个光伏发电主体。需求主体共 40 个，包括 15 个工业用户，11 个商业用户和 14 个居民用户。储能主体共 32 个，储能机组包括 14 个硫酸铁锂储能电站，12 个液流储能电站，3 个抽水蓄能储能电站和 3 个压缩空气储能电站，单一主体无法同时进行充电与放电。微网代理主体共 4 个，分布式主体共 5 个。图形化建模案例界面见图 6-6 和图 6-7。

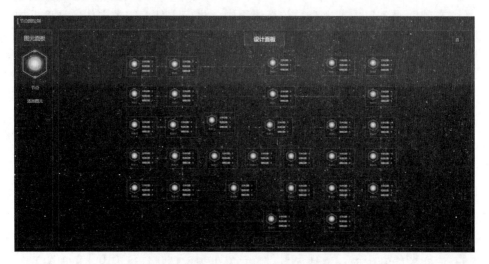

图 6-6 图形化建模案例节点图绘制

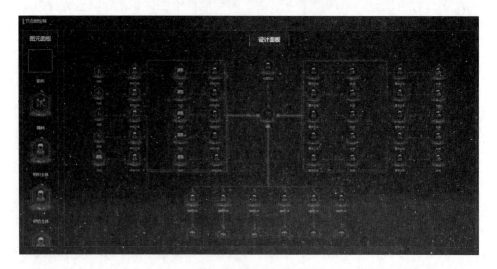

图 6-7 图形化建模案例节点内部设计

仿真实验模拟以上主体在一年内的运行情况，单步运行时间为 1h，总计时长为 8760h。发电侧和用户侧负荷小时数，见表 6-3。

表 6-3　　　　　　　　　发电侧和用户侧负荷小时数

能源类型	利用小时数
火力发电	5500
风力发电	2500
光伏发电	1500
工业	6000
商业	6000
居民	6000
储能	2000

案例设置在当前电力系统内的可再生能源装机比例为 65%，可再生能源发电量比例为 40%，各类机组总装机容量按照蒙西地区的实际情况等比例缩小 10 倍设置，具体数据见表 6-4。

表 6-4　　　　　　　　　仿真实验相关参数设置

清洁装机比例（%）	65
清洁发电量比例（%）	40
总装机容量（MW）	11180
火电机组总装机容量（MW）	5255
光伏发电总装机容量（MW）	2053
风电机组总装机容量（MW）	3320
储能总装机容量（MW）	350
现货市场申报价格区间（元/kWh）	0～1.5
调频市场申报价格区间（元/MW）	2～16

仿真案例中各供给主体的机组年发电量见表 6-5。

本案例共设置 32 个储能主体，其中 25 个储能处于微网中，7 个不在微网中。为探究储能参与辅助服务市场的潜力，本案例设置了四种场景，对比储能参与电能量现货市场和辅助服务市场的市场情景，结合储能综合价值评估与市场交易仿真系统进行仿真模拟，得到四种场景下的市场交易情况，场景设置见表 6-6。

表 6-5　　　　　　　　　供给主体机组年发电量　　　　　　单位：kWh

火电机组年发电量	
1 号火电	1100000
2 号火电	1237500
3 号火电	1650000
4 号火电	1650000
5 号火电	1815000
6 号火电	1815000
7 号火电	1925000
8 号火电	1650000
9 号火电	3300000
10 号火电	3630000
11 号火电	3630000
12 号火电	5500000
风电机组年发电量	
1 号风电	250000
2 号风电	373750
3 号风电	500000
4 号风电	750000
5 号风电	1000000
6 号风电	123750
7 号风电	125000
8 号风电	247500
9 号风电	1125000
10 号风电	1250000
11 号风电	1250000
12 号风电	1305000
太阳能机组年发电量	
1 号光伏	30000
2 号光伏	120000
3 号光伏	300000
4 号光伏	600000
5 号光伏	754500
6 号光伏	1275000

表 6-6		对比场景设置	
市场场景	现货	调峰	调频
场景一	√		√
场景二		√	√
场景三	√		
场景四		√	

6.4.2 仿真推演分析

算例中发电机组主要包括储能在调峰、调频、紧急功率支撑三个情景中的出力，经系统仿真所得一年全时段储能出力结果见图 6-8~图 6-10。储能系统在一年内每隔 15min 参与调峰的电力需求情况见图 6-8。从图中可以看出，储能系统的调峰量在全年内呈现出波动趋势，调峰需求在 5000~35000MWh 之间变化，这反映了电力系统在不同时间段的负荷差异和调峰需求的变化。储能参与调频的特点在于其响应速度快、调节精度高，能够在短时间内提供或吸收大量的功率，以平衡电力系统的供需不平衡，从仿真推演的结果来看符合实际情况。储能系统在调峰过程中能够灵活调节电力输出，满足电网在不同时段的电力需求，从而提高电力系统的稳定性和可靠性。由图 6-9 可以看出，储能系统的调频量随时间波动，这反映了电力系统负荷和频率需求的动态变化。储能参与调峰的特点在于其能够灵活调节出力，满足电力系统在不同时间段的负荷需求，储能系统作为灵活调节资源，能够迅速

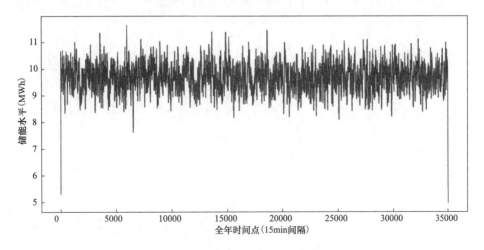

图 6-8 储能参与调峰曲线图

响应并平衡这些波动，确保电网的稳定运行，可以看出储能参与调频的出力较小，但频率更高，符合实际情况。通过仿真推演可以深入分析储能系统的调频性能，优化其调度策略，以进一步提高电力系统的频率调节能力和整体稳定性。由图 6-10 可以看出，储能系统的紧急功率支撑量在全年内呈现较大波动，这反映了电力系统在不同时间段对于紧急功率支撑的需求差异。在电力需求高峰或电网故障等紧急情况下，储能系统能够迅速响应，提供必要的功率支撑，确保电网的稳定运行。同时，图中数据点的密集程度也表明了储能系统参与紧急功率支撑的频率较高，响应速度极快。从机组出力的发电量和利用小时数来看，仿真结果基本符合实际运行情况。

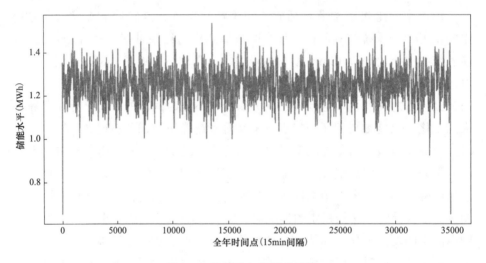

图 6-9　储能参与调频曲线图

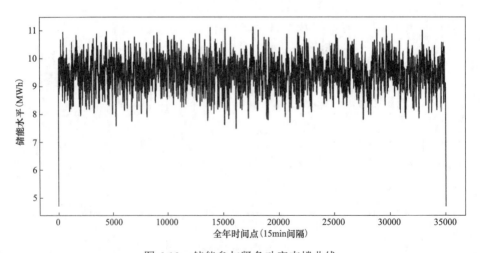

图 6-10　储能参与紧急功率支撑曲线

市场全年仿真交易价格见图 6-11～图 6-13，展示了全年的调峰、调频、紧急功率支撑的价格结果。调峰服务的价格通常根据电力市场的供需情况和储能设施的参与度来确定。在全年范围内，调峰价格呈现出一定的波动性和区间性。调峰价格走势将受到政策、技术和市场需求等多重因素的影响。储能调峰的价格上限在初期设定为 0.15 元/kWh，若当日发生直调公用火电机组停机调峰，储能设施有偿调峰出清价格则按 0.4 元/kWh 执行。这一价格区间反映了在不同调峰需求下的成本补偿机制。随着新能源并网比例的增加和电网调峰需求的提升，储能设施的参与度有望增加，进而可能对调峰价格产生

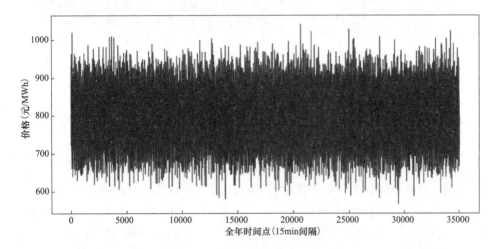

图 6-11 调峰价格

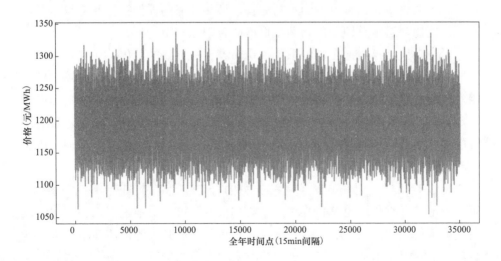

图 6-12 调频价格图

上行压力。然而，政府政策的引导和市场竞争的加剧也可能促使调峰价格下降，以实现更经济高效的电力调度。

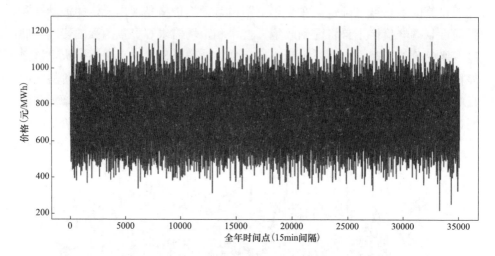

图 6-13　紧急功率支撑价格图

调频服务的价格则更多地依赖于电力系统的频率稳定性和发电单元的调频性能。调频市场的报价范围通常较为宽泛，调频价格区间为 $0.1\sim12$ 元/MW。调频价格的变化与电力系统的频率偏差、发电单元的响应速度和调节能力等密切相关。在电力供需紧张或频率稳定性较差的时段，调频需求增加，价格可能上升；而在供需平衡或频率稳定性较好的时段，价格则可能下降。此外，随着技术的进步和调频市场的不断完善，调频性能的评价指标和补偿机制也在不断优化，这将有助于推动调频价格的合理化和市场化。

紧急功率支撑服务在电力系统中扮演着至关重要的角色，尤其是在应对突发事件和保障电网安全方面。然而，由于其应用场合较为特殊且发生频率相对较低，紧急功率支撑的价格往往难以形成统一的市场标准。在实际操作中，紧急功率支撑的价格通常通过双方协商或政府指导价来确定。随着新能源的大规模并网和电网结构的复杂化，紧急功率支撑的需求有望增加，进而推动相关技术和市场的发展。

通过对调频、调峰、紧急功率支撑的一年出力散点图及价格图分析，可以看出三者收益均随时间波动，且与需求量及市场价格紧密相关。调频收益受频率稳定性需求影响，调峰收益则与负荷高峰时段的供需关系挂钩，紧急功率支撑收益则依赖于突发事件的发生频率及响应速度。仿真推演能够基于历史数据模拟未来场景，预测三者收益，为决策提供科学依据。该方法具有可行性，能够合理反映市场变化，为优化资源配置提供有力支持。

6.4.3 市场宏观分析

6.4.3.1 市场交易量价分析

针对火电与储能参与不同交易市场联合出清的场景，分别对不同交易市场的出清电量及电价进行详细分析，其中中长期交易市场的中标电量折算到月，以便更清晰地展示不同交易市场类型下的电力交易情况，有助于分析在不同交易市场售电收益的差异。这有利于市场参与者洞悉各市场特点与优势，售电企业据此掌握电价、需求规律，从而优化购电与售电策略。

调峰市场中标量与出清价格见图 6-14。从中标量上来看，月交易量整体呈现一定的波动性，但大体保持在较高水平，在 1 月份，冬季因供暖需求增加，交易量较为突出，均达到了接近 40000MWh 的峰值。中间部分的夏秋季交易量则相对较为稳定，维持在 20000～25000MWh。这种趋势反映出一定的市场规律。

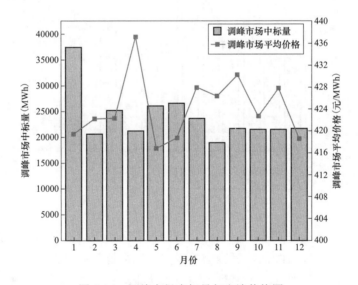

图 6-14 调峰市场中标量与出清价格图

市场平均价格显示出更为显著的波动性。这种波动性主要源于调峰电源的有限性，传统的火电等调峰电源在调节能力和响应速度上存在一定的局限性。在用电高峰时，部分调峰电源可能因设备故障、维护检修等无法满负荷运行，导致电力供应紧张；而在低谷时段，又可能因无法及时减少出力而造成电力浪费。除此之外，受到燃料成本波动和价格形成机制不健全、价格补贴政策等因素的缘故，市场平均价格产生一定的波动。4月份受到季节影响，部分地区经济活动逐渐活跃，工业生产加速，企业开工率上升，加上天气多变、光照和风力条件不稳定、新能源发电出力波动较大的缘故，导致平均价格偏高。

调频市场中标量与出清价格见图6-15。7、8月通常是夏季气温最高的时候，居民和商业用户大量使用空调等制冷设备，导致电力需求大幅增加，电网负荷达到高峰。为了维持电网频率的稳定，需要更多的调频资源来快速响应负荷的变化，加上电力需求高峰时期，调频市场的价格通常会上涨，较高的价格会吸引更多的市场参与者提供调频服务，从而使得调频市场的需求大增，中标电量也随之增加。

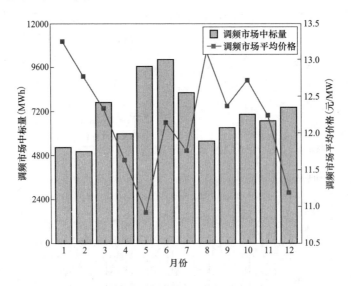

图 6-15　调频市场中标量与出清价格图

电价在用电高峰期的1、2月与7、8月居高不下。这是由于调频市场供给相对刚性，难以适配高峰期骤增的需求，供需比显著降低。依据经济学供需原理，在市场机制作用下，供不应求必然驱动价格上扬，最终导致电价在1、2月与7、8月用电高峰期持续高位运行。

紧急功率市场中标量与出清价格见图6-16，与上述两个市场相比，紧急功率支撑市场供应量低，电价波动对供需比敏感度更高。1—2月虽然是冬季用电高峰，但主要是取暖负荷增加导致的用电高峰，对电网的影响主要体现在负荷的大小变化上，对于紧急功率支撑的需求相对不高。而对于工业复工复产的4月与全年用电高峰的7—8月，紧急功率支撑需求相对较高，因而供应量急速上升。

电价呈现明显时段性差异。2—3月供需比较低，冬末春初居民取暖用电需求递减，工业生产尚处复苏前期、用电疲软，发电企业借机检修，虽用电量少但电网固定运营成本未减，致电价难降反升；7—8月紧急功率支撑需求高，夏季酷热使居民、商业制冷用电飙升，电网需大量备用、储能及调频资源维稳，且高温增加发电成本、新能源出力不稳，电价居高不下；平日淡季时电力市场供需相对平衡。发电企业的设备正常运行，电力供给稳定，电网运营压力较小，成本可控。在这种平稳的市场环境下，电价也相应地维持在平均水平，为广大用户提供较为稳定的用电成本预期。

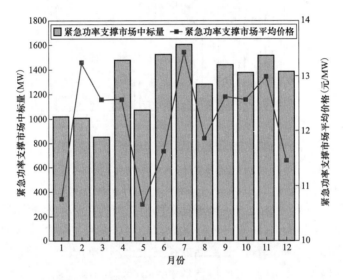

图 6-16　紧急功率市场中标量与出清价格图

6.4.3.2　多类型储能收益分析

多类型储能在调峰、调频和紧急功率支撑三大市场中发挥着不可或缺的作用。此处将分析磷酸铁锂储能、液流储能、抽水蓄能、压缩空气储能四类储能在三大市场中的总体收益情况以及年度收益变化情况。

磷酸铁锂储能在多类型储能市场中展现出显著的收益潜力，见图6-17。磷酸铁锂储能市场总体收入水平较高。其月度交易量稳定在较高水平，冬季供暖需求高峰时收益接近120万元/月，夏季则维持在80万元/月左右，显示出良好的市场适应性。具体来看调峰市场收益占65%，调频市场占23%，紧急功率支撑市场约占12%。磷酸铁锂储能性能稳定，能量密度较高，在调峰市场中成为平衡电网供需的重要工具，有效降低了峰谷电价差带来的成本，实现了可观的收益。在调频市场中，磷酸铁锂储能能够快速响应电网频率波动，提供精准的功率调节，保障了电网的稳定运行，也因此获得了持续的调频补偿收益。在紧急功率支撑方面，磷酸铁锂储能系统能够在电网故障时迅速提供备用功率，确保关键负荷的连续供电紧急功率支撑市场的收益。

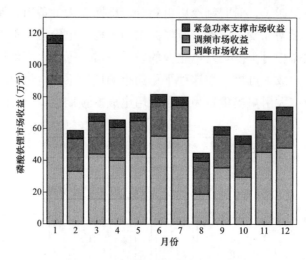

图 6-17　磷酸铁锂储能市场收益图

　　液流储能系统在各类市场中也展现出了独特的优势，见图 6-18。不同月份电力市场的需求有所不同。电价在不同月份存在波动，这也会影响液流储能系统的收益。当电价较高时，储能系统通过参与电力市场交易获得的收益也会相应增加。整体来看，液流储能在三大市场中的收益比例较为均衡，调峰市场占比约 58%，调频市场占比约 26%，紧急功率支撑市场占比约 16%。具体到每月收益，受季节、天气等因素影响，收益会有所波动。

　　抽水蓄能储能的月度交易量大且稳定，是目前市面上装机功率最大的一类储能。抽水蓄能市场收益图见图 6-19，冬季供暖需求高峰时收益可达 200万元/月，夏季则保持在 150 万元/月左右。具体来看，调峰市场收益占 68%，调频市场占 20%，紧急功率支撑市场占 12%。抽水蓄能电站利用水的重力势能进行储能和释能，具有大容量、长时间放电的特点，在调峰市场中能有效降低电网运营成本，实现较高的收益。在调频市场中，抽水蓄能电站能够快速响应电网频率变化，提供稳定的功率调节，为电网的安全稳定运行提供了有力保障，从而获得持续的调频补偿收益。在紧急功率支撑方面，抽水蓄能电站能够在电网突发故障时迅速提供大功率支持,确保重要负荷的连续供电，为紧急功率支撑市场贡献了稳定的收益。

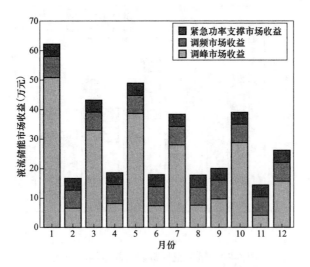

图 6-18   液流储能市场收益图

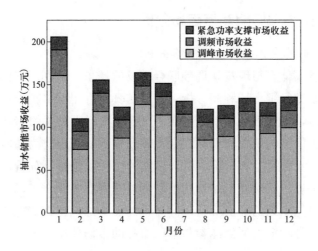

图 6-19   抽水蓄能市场收益图

压缩空气蓄能储能市场收益图见图 6-20，压缩空气蓄能储能在冬季需求高峰期月度收益可达 100 万元，而在夏季则在 70 万元左右。从收益结构来看，调峰市场贡献最大，占比达到 64%；调频市场次之，占比 26%；紧急功率支撑市场则占 10%。压缩空气蓄能技术通过空气的压缩与膨胀过程实现能量的储存与释放，具备高效且环保的特性。在市场中能够平衡电网供需、快速响应电网频率变化，有效削减了电网运营成本，从而实现了较为可观的收益。

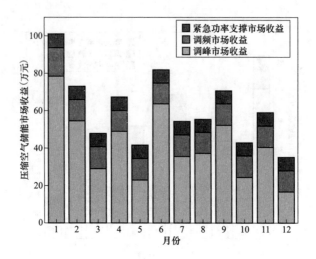

图 6-20   压缩空气蓄能储能市场收益图

6.4.4   多类型储能参与市场分析

6.4.4.1   储能主体投资运营策略分析

针对储能主体参与现货和调频联合市场的场景，分别对案例选取的四种类型储能电站进行了市场利润分析，利用仿真运行得到多类型储能的市场收益及投资成本，见表 6-7。可以看出，按照本案例所设置的储能装机容量，各类型储能主体参与现货和调频联合市场获得的利润占比为总收益的45%～60%，具有较可观的经济效益。结合设置的四种场景进行分析，对于储能投资运营主体来说，让储能电站参与电能量与辅助服务联合市场进行交易能够更好地保障储能电站的经济价值，同时也能够更好地挖掘储能电站灵活调度电力的潜力，带动多类型储能参与辅助服务的市场环境中来。

表 6-7   多类型储能的利润情况

储能类型	磷酸铁锂储能	液流储能	抽水蓄能储能	压缩空气储能
市场收益（万元）	90.48	81.22	141.80	126.32
投资成本（万元）	46.43	33.35	70.09	66.00
利润（万元）	44.05	47.87	71.71	60.32
利润率（%）	49	59	51	48

针对储能投资运营主体，对多类型储能参与现货和辅助服务市场的情景

进行仿真模拟，利用仿真运行得到的结果对各类型储能的边际成本和综合价值分别进行了测算。

多类型储能参与调峰、调频和紧急功率支撑的边际成本见图6-21。可以看出，在一天24时点中，储能电站的使用成本会产生一定的波动。在多类型储能参与调峰辅助服务时，磷酸铁锂储能电站和液流储能电站的综合边际成本都较低，显示出其在调峰服务中的经济性；压缩空气储能的边际成本相对较高，但其运行状态较为稳定，适合特定场景需求。

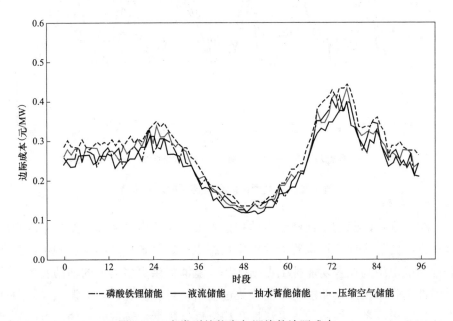

图 6-21　多类型储能参与调峰的边际成本

多类型储能参与调频的边际成本见图6-22。可以看出，随着一天24时点中不同时间段的需求，四种储能方式的成本都呈现出一定的波动性。这可能与电力需求的高峰时段相吻合。在调频辅助服务中，各类型储能的边际成本波动幅度较大，尤其在高负荷时段表现明显。抽水蓄能的综合边际成本最低，展现出其显著的经济优势和运行稳定性；而磷酸铁锂储能和液流储能虽然灵活性较强，但其在调频服务中的经济性稍逊于抽水蓄能。

多类型储能参与紧急功率支撑的边际成本，见图6-23。可以看出，在紧急功率支撑辅助服务中，磷酸铁锂储能电站的综合边际成本最低，表现出其在应对突发情况下的高效性；液流储能和抽水蓄能的边际成本接近，显示出较强的适应能力，而压缩空气储能的边际成本稍高，但其大规模储能能力为紧急情况下提供了重要保障。

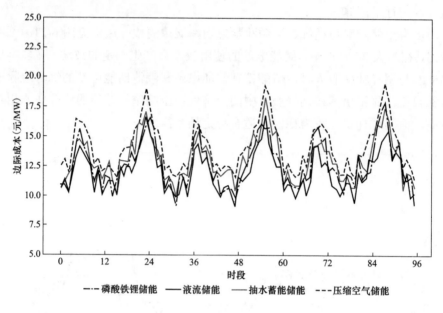

图 6-22   多类型储能参与调频的边际成本

　　综合来看，磷酸铁锂储能电站和抽水蓄能储能电站在辅助服务市场中均具有良好的经济性。抽水蓄能的工作状态更稳定，各项性能综合较优；磷酸铁锂储能电站则在多功能性上占据优势，能够提供更多类型的辅助服务，其灵活性更强。在建设储能电站的决策过程中，可以综合调峰、调频和紧急功率支撑需求，考虑经济性、灵活性和稳定性等因素，选取合适的储能电站类型。例如，对于需要频繁切换功能的场景，可优先选择磷酸铁锂储能电站；对于单一高效调频需求，则可优先考虑抽水蓄能电站。

　　多类型储能参与调峰的综合价值见图 6-24。可以看出，在多类型储能参与调峰辅助服务时，液流储能电站和压缩空气储能电站的综合价值高于磷酸铁锂储能电站和抽水蓄能电站，说明液流储能和压缩空气储能在长时间、大规模能量交换的场景中具有更显著的价值优势。

　　多类型储能参与调频的综合价值见图 6-25。可以看出，在调频辅助服务中，各类储能的综合价值集中在 227 元/MW 上下波动，表明不同储能技术在调频服务中的经济性较为接近，但在技术特性上可能有所差异。例如，磷酸铁锂储能电站以其快速响应能力脱颖而出，而抽水蓄能则凭借稳定性占据一席之地。

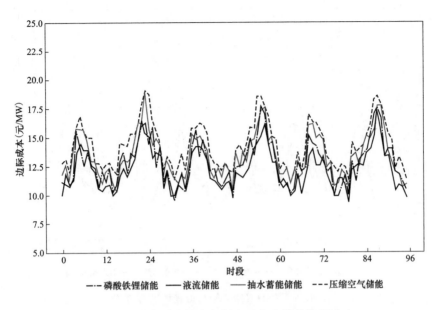

图 6-23 多类型储能参与紧急功率支撑的边际成本

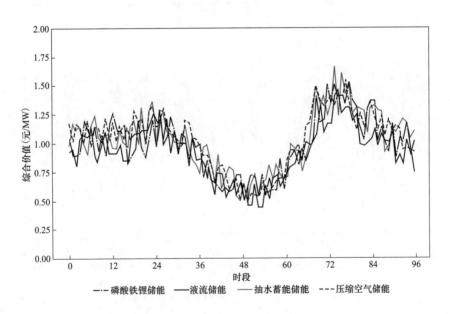

图 6-24 多类型储能参与调峰的综合价值

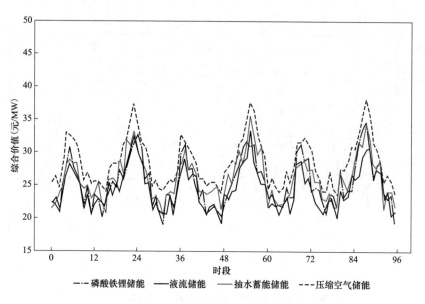

图 6-25　多类型储能参与调频的综合价值

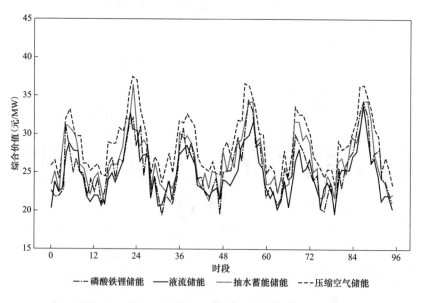

图 6-26　多类型储能参与紧急功率支撑的综合价值

　　多类型储能参与紧急功率支撑的综合价值见图 6-26。可以看出，在紧急功率支撑辅助服务中，磷酸铁锂储能电站、液流储能电站和压缩空气储能电站的综合价值较高，在 30 元/kWh 上下波动，反映了这些储能类型在突发情况下快速响应和提供高效支持的能力；相比之下，抽水蓄能储能的综合价值较低，在 28 元/kWh 上下波动，虽然经济性稍差，但其大规模储能特性和稳定性仍是不可忽视的优势。

综合来看，磷酸铁锂储能、液流储能和压缩空气储能在辅助服务市场中的综合价值较高，适合需要快速响应的调频和紧急功率支撑场景；而抽水蓄能储能则更适合需要稳定性和较长时间能量交换的调峰场景。在建设储能电站的决策过程中，需根据需求场景和目标功能综合考虑经济性、灵活性与稳定性等因素，合理选取储能电站类型。

利用仿真运行得到的交易结果可以将调峰、调频参与辅助服务的出清价格、边际成本和综合价值分别绘制在一张图中，见图 6-27 和图 6-28。可以看出，交易价格曲线始终处于边际成本曲线和综合价值曲线之间，说明储能电站的实际交易价格能够充分覆盖其运行成本，同时不会超过综合价值所涵盖的经济、安全与环境价值。这种价格区间的合理性表明，通过边际成本和综合价值两个指标的设置，可以有效平衡储能电站的收益性与市场的公平性。此外，这种价格机制也验证了仿真平台在设计辅助服务交易规则时的科学性和可操作性，为进一步优化储能电站参与市场的策略提供了有力支持。例如，在边际成本较低而综合价值较高的时段，储能电站的盈利能力显著提升，同时这种机制也有助于推动储能电站向更高效、更经济的方向发展，为未来储能行业的发展和市场机制完善提供了有益借鉴。

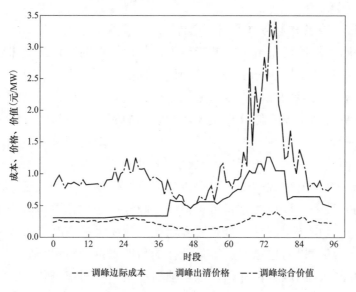

图 6-27　调峰的边际成本、出清价格和综合价值图

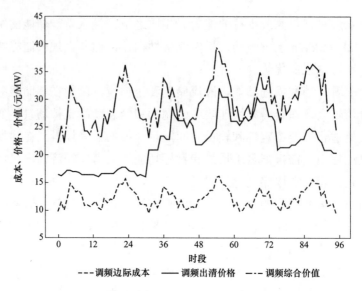

图 6-28　调频的边际成本、出清价格和综合价值

由此，对于储能投资运营主体来说，在对储能电站参与现货和辅助服务联合市场进行报价时，可以参考本平台给出的指标值，将边际成本作为出清价格报价下限，综合价值作为出清价格报价上限。价格下限的设置可以保证储能投资运营主体的市场收益不会超过投资成本，而价格上限的设定避免了市场垄断、价格操纵等不良现象的发生，确保电力消费者能够以合理的价格获取电力资源。

6.4.4.2　市场机制与政策制定分析

结合四种市场场景下多类型储能主体收益情况的对比结果来看，储能主体参与现货和辅助服务联合市场相比于仅参与现货市场或单一辅助服务市场能够获得更多的经济收益。通过市场仿真分析可以发现，联合市场的交易机制更有利于发挥储能机组灵活性强、响应速度快等特性，使其能够在不同时间段灵活参与多类型交易，从而更充分地利用储能资源，优化收益结构。因此，对于市场管理者来说，鼓励储能主体从单一市场交易模式向多市场联合交易模式转变，是促进储能行业健康发展的关键一步。一方面，市场管理者可以通过完善市场机制，降低储能主体参与联合市场的准入门槛，提高市场灵活性，鼓励更多储能主体积极参与联合市场的交易；另一方面，还可以考虑从储能容量补偿的角度入手，对参与联合市场的储能主体给予一定的政策性补贴，以增强储能主体参与市场的动力，提高整体市场的运行效率。

本案例针对磷酸铁锂储能电站、液流储能电站、抽水蓄能储能电站和压缩空气储能电站参与不同市场场景的边际成本和收益情况进行分析。基于四种场景设置对储能收益进行全面测算，四种场景下各类型储能的全年收益情况见表 6-8。

表 6-8　　　　　　　　不同场景下多类型储能的收益情况　　　　单位：万元

储能类型	场景一	场景二	场景三	场景四
磷酸铁锂储能电站（14MW）	90.48	88.53	68.90	62.75
液流储能电站（10MW）	81.22	78.90	52.01	54.28
抽水蓄能储能电站（40MW）	141.80	134.11	118.32	104.72
压缩空气储能电站（30MW）	126.32	113.52	89.32	77.09

由于各类型储能的技术参数存在显著差异，包括储能容量、充放电效率、充放电功率等，这些技术参数直接影响其交易量和报价的灵活性与竞争力，从而导致在相同市场场景下，各类型储能的收益情况表现出一定差异。具体来说，在四种市场场景的对比中，各类型储能均在现货和调频联合市场中取得了最高的全年收益。这表明，现货市场与调频市场的联合交易能够更好地协调储能的灵活调节能力和市场需求特性，实现经济效益的最大化。现货和调峰联合市场下的收益次于现货和调频联合市场，但整体收益水平仍显著高于单一现货市场和单一调峰市场。这进一步验证了储能参与联合市场的显著优势——通过联合现货市场和辅助服务市场的交易机制，可以更高效地利用储能资源的调节能力，提高市场效率，为储能主体带来更高的收益。

此外，不同类型储能的收益表现也存在显著差异。磷酸铁锂储能电站和液流储能电站在快速响应辅助服务需求的场景中表现尤为突出，其收益水平较高；抽水蓄能储能电站虽然在单一现货市场的收益表现较为稳定，但由于其响应速度相对较慢，在联合市场中整体收益略低于磷酸铁锂储能电站和液流储能电站；压缩空气储能电站则凭借其较大的储能容量和运行稳定性，在调峰场景中的收益表现较为优越。

综合来看，本案例的分析结果充分说明，储能设备参与联合市场交易是提升其经济价值的有效手段。同时，不同类型的储能设备在不同市场场景下的表现差异，也为储能投资者和市场管理者提供了重要的决策依据。对于储能投资者而言，可以根据自身储能设备的技术特性与市场需求选择合适的交易模式,以最大化其收益;对于市场管理者而言,应进一步优化联合市场机制设计,并通过政策激励措施提高储能主体的参与积极性,促进储能技术的广泛应用和储能行业的可持续发展。

6.4.5 敏感性分析

6.4.5.1 储能报价分析

本案例以磷酸铁锂储能、液流储能、抽水蓄能储能、压缩空气储能四种储能类型主体参与现货与调频的市场情景展开多类型储能报价对储能收益的敏感性分析,设置储能主体的报价区间为 440~560 元/MWh,变化步长为 20 元/MWh,经由仿真运行得到的储能收益结果见表 6-9 和图 6-29。

表 6-9   储能报价敏感性分析

报价 (元/MWh)	收益（万元）			
	磷酸铁锂储能	液流储能	抽水蓄能储能	压缩空气储能
440	70.44	67.52	119.63	103.27
460	76.41	72.09	128.82	112.96
480	83.85	77.37	134.28	120.76
500	90.48	81.22	141.80	126.32
520	99.53	91.72	155.98	138.95
540	97.40	92.81	152.56	132.84
560	95.22	89.12	147.11	128.93

四种类型储能虽然收益不尽相同,但是针对一种储能类型来看,随着储能报价的增加,储能收益的变化趋势都是先增加后减少,报价在 500~520 元/MWh 之间时,收益取得最大值。当储能报价小于 500 元/MWh 时,储能收益随报价的增加而增加,这是因为随着储能报价的增加,市场出清价格也在增加,给储能主体带来了更大的利润空间。当储能报价大于 520 元/MWh 时,储能收益随报价的增加而减少,这是因为,此时由于储能主体的报价过高,抬高了市场出清价格,导致需求侧报量减少,需求侧与储能主体签订的合同量减少,虽然交易价格也有增加,但是交易量对储能收益的影响程度更大,使得储能收益整体呈现减少的趋势。

6.4.5.2 调频容量补偿价格分析

不同调频容量补偿价格下的各类型储能收益见表 6-10。

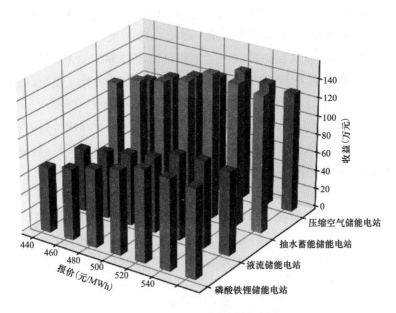

图 6-29　储能报价敏感性分析

表 6-10　　　　　不同调频容量补偿价格下的各类型储能收益

容量补偿价格 （元/MW）	收益（万元）			
	磷酸铁锂储能	液流储能	抽水蓄能储能	压缩空气储能
54	84.29	76.07	132.46	117.55
56	85.89	76.81	34.62	119.75
58	87.63	79.00	137.06	122.30
60	90.48	81.22	141.80	126.32
62	87.21	78.38	137.24	121.76
64	86.73	77.59	136.28	121.27
66	85.02	76.02	133.81	119.47

　　利用表中数据进行可视化，多类型储能在不同调频容量补偿价格下的收益变化见图 6-30。

　　可以看出，调频容量补偿价格对各类型储能的市场收益影响显著，呈现出先增加后减少的趋势。在补偿价格从 54 元/MW 逐步提升到 60 元/MW 的过程中，各类储能的收益均稳步增长。然而，当补偿价格超过 60 元/MW 后，收益开始逐渐回落。这一趋势表明，不同补偿价格水平对市场收益的激励效果具有阶段性特征。以磷酸铁锂储能为例，收益从 54 元/MW 时的 84.29 万元增加到 60 元/MW 时的 90.48 万元，增长 6.19 万元，显示出适度提高补偿价格能够显著提升其收益。然而，当补偿价格超过 60 元/MW 后，收益开始下降，在 66 元/MW 时降至 85.02 万元，减少了 5.46 万元。这反映出过高的补偿价格可能导致市场竞争或收益分配的压力增大，从而削弱对单个储能主体的激励效果。液流储能的收益在补偿价格为 54～60 元/MW 区间内从 76.07 万元增至 81.22 万元，增长 5.15 万元，但在补偿价格进一步提高后逐渐回落至 66 元/MW 的 76.02 万元，恢复到接近初始水平。抽水蓄能储能在 60 元/MW 时的收益达到 141.80 万元，比 54 元/MW 时的 132.46 万元增加了 9.34 万元，是收益增长最显著的储能类型。然而，当补偿价格升至 66 元/MW 时，其收益降至 133.81 万元，与高峰时相比减少了 7.99 万元。压缩空气储能的收益则从 54 元/MW 的 117.55 万元上升至 60 元/MW 的 126.32 万元，随后回落至 66 元/MW 的 119.47 万元。

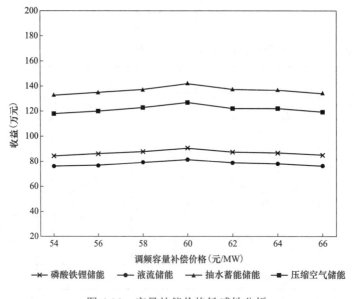

图 6-30　容量补偿价格敏感性分析

　　综上所述，调频容量补偿价格在 60 元/MW 时对市场收益的激励效果最为显著，各类型储能的收益均达到峰值，而超过这一价格后收益逐步减少。这表明，60 元/MW 是实现收益最大化的关键点，适度的补偿价格提升能够有效激发市场活力，而过高的补偿价格可能导致收益分配的边际效益下降。

6.4.5.3 调频里程补偿价格分析

不同调频里程补偿价格下的各类型储能收益见表 6-11。

表 6-11 　　　　　不同调频里程补偿价格下的各类型储能收益　　　单位：万元

里程补偿价格（元/MW）	收益（万元）			
	磷酸铁锂储能	液流储能	抽水蓄能储能	压缩空气储能
0.20	80.69	72.85	126.82	112.53
0.25	84.30	75.38	132.13	117.54
0.30	87.03	78.46	136.12	121.47
0.35	90.48	81.22	141.80	126.32
0.40	88.30	79.36	138.95	123.28
0.45	87.02	77.85	136.74	121.68
0.50	85.10	76.09	133.94	119.58

利用表中数据进行可视化，多类型储能在不同调频里程补偿价格下的收益变化见图 6-31。

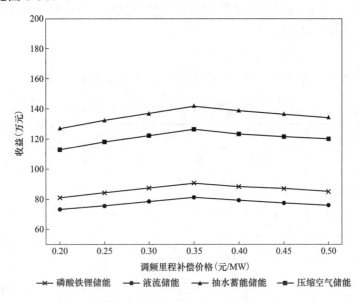

图 6-31　里程补偿价格敏感性分析

可以看出，调频里程补偿价格对各类型储能的市场收益具有显著的影响，但呈现出先增加后减少的非线性变化趋势。在补偿价格在 0.20～0.35 元/MW 区间内，各类储能的收益随补偿价格的上升而显著增加；然而，当补偿价格超过 0.35 元/MW 后，收益出现了下降趋势。以磷酸铁锂储能为例，其收益在补偿价格从 0.20 元/MW 增长至 0.35 元/MW 期间从 80.69 万元增加到 90.48 万元，增长幅度达到 9.79 万元，显示出这一阶段补偿价格提升对收益的推动作用较为显著。然而，当补偿价格超过 0.35 元/MW 时，其收益开始下降，从 90.48 万元降至 0.50 元/MW 时的 85.10 万元，下降了 5.38 万元。这表明过高的补偿价格可能因市场机制或竞争效应导致收益反而减少。其他储能类型也表现出类似的趋势。液流储能的收益在补偿价格从 0.20 元/MW 增加到 0.35 元/MW 期间，从 72.85 万元增至 81.22 万元，增长 8.37 万元；但在补偿价格高于 0.35 元/MW 后，其收益降至 0.50 元/MW 时的 76.09 万元。抽水蓄能储能的收益从 0.20 元/MW 的 126.82 万元增加到 0.35 元/MW 的 141.80 万元，增长了 14.98 万元，但在之后下降到 133.94 万元。压缩空气储能的收益从 112.53 万元增至 126.32 万元后也逐步回落至 119.58 万元。

综上所述，各类储能的收益在调频里程补偿价格为 0.35 元/MW 时达到峰值，而超过这一价格后，由于可能存在的市场竞争加剧或边际效益降低，收益呈现出下降趋势。这表明 0.35 元/MW 是调频里程补偿价格的关键激励点。在此价格下，各类型储能的收益提升最为显著，能够充分激发市场主体参与调频服务的积极性。

6.4.5.4 调频容量申报上限比例分析

不同调频容量申报上限下的各类型储能收益见表 6-12。

表 6-12　　　　　　不同调频容量申报上限下的各类型储能收益

容量申报上限比例（%）	收益（万元）			
	磷酸铁锂储能	液流储能	抽水蓄能储能	压缩空气储能
9	87.63	78.05	143.37	126.18
9.5	88.52	78.15	144.41	127.39
10	89.21	79.39	145.20	128.47
10.5	90.48	80.19	147.47	130.28
11	92.15	81.79	150.66	132.62
11.5	93.42	82.57	152.43	134.58
12	95.01	83.96	155.14	137.38

利用表中数据进行可视化，多类型储能在不同调频容量申报上限比例下的收益变化见图 6-32。

可以看出，调频容量申报上限比例的变化对各类型储能的市场收益产生了明显影响，各类储能的收益随着申报上限比例的提高而逐步增加，但增幅在不同区间内有所差异。以磷酸铁锂储能为例，当申报上限比例从 9% 增加至 12% 时，其收益从 87.63 万元增长至 95.01 万元，总增长 7.38 万元。在申报上限比例较低的区间（9%～10.5%），收益增长较为平稳，从 87.63 万元增至 90.48 万元，增长了 2.85 万元，显示出容量申报上限的适度提升对磷酸铁锂储能收益的正向促进作用。然而，当申报上限比例进一步提高到 12% 时，收益的增长幅度有所扩大，从 10.5% 的 90.48 万元增至 12% 的 95.01 万元，增加了 4.53 万元，说明较高的申报上限比例在这一区间内对收益的推动作用更为明显。其他储能类型在申报上限比例变化下的收益趋势与磷酸铁锂储能基本一致，但绝对收益水平和增幅略有差异。液流储能的收益从 9% 的 78.05 万元增长至 12% 的 83.96 万元，总增长 5.91 万元，增长较为平稳。抽水蓄能储能的收益在同一比例区间从 143.37 万元增加至 155.14 万元，总增幅达 11.77 万元，其绝对收益最高，但各区间的增长幅度差异不大。压缩空气储能的收益从 126.18 万元增至 137.38 万元，总体增长 11.20 万元，且在申报上限比例较高的区间（10.5%～12%）增速稍有加快。

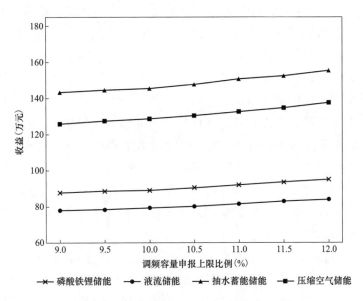

图 6-32　调频容量申报上限比例敏感性分析

综上所述，随着调频容量申报上限比例的提高，各类储能的市场收益均稳步增长，尤其在较高的申报上限比例下（10.5%～12%），收益的增长幅度更为显著。这表明，适度放宽容量申报上限比例能够有效提升储能市场的收益水平，同时进一步提高市场主体参与调频服务的积极性。对于磷酸铁锂储能而言，在申报上限比例达到 10.5%后，其收益显著提升，且与其他储能类型相比，其增幅在高申报比例区间内更为明显。因此，建议市场管理者根据不同储能类型的特性和实际市场需求，将调频容量申报上限比例合理设定在 10.5%～12%区间，以进一步释放储能市场潜力，优化资源配置，促进储能主体在调频服务中的全面参与。

6.4.6　相关建议

（1）储能主体应根据给定报价区间灵活调整报价。鉴于储能收益随报价呈先增后减趋势，在 500～520 元/MWh 间达最大值，为实现储能主体利益最大化及保障市场健康发展，建议储能主关注 500～520 元/MWh 这一最优报价区间，避免过低或过高报价，同时实时掌握市场出清价格与需求侧反应，灵活调整报价。对市场监管方而言，应引导合理报价，提供价格参考信息、规范报价行为，并优化市场机制，调节供需平衡、提升市场透明度。

（2）市场管理者应考虑对储能的激励作用制定合理的调频容量补偿价格。仿真分析中，60 元/MW 是实现收益最大化的关键点，适度的补偿价格提升能够有效激发市场活力，而过高的补偿价格可能导致收益分配的边际效益下降。建议市场管理者根据实际市场需求，将调频容量补偿价格合理设定在 60 元/MW 附近，以平衡收益激励和市场竞争，进一步优化储能资源的利用效率并提升市场的整体效益。

（3）市场管理者应综合考虑市场收益与资源分配制定合理的调频里程补偿价格。仿真分析中，0.35 元/MW 是调频里程补偿价格的关键激励点。在此价格下，各类型储能的收益提升最为显著，能够充分激发市场主体参与调频服务的积极性。建议市场管理者将调频里程补偿价格设定在 0.35 元/MW 左右，以实现市场收益与政策效果的最佳平衡，同时避免过高补偿价格引发的收益下降和市场资源分配效率问题。

（4）市场管理者应适度放宽调频容量申报上限比例来提升储能参与市场的积极性。适度放宽容量申报上限比例能够有效提升储能市场的收益水平，同时进一步提高市场主体参与调频服务的积极性。因此，建议市场管理者根据不同储能类型的特性和实际市场需求，将调频容量申报上限比例合理设定在 10.5%～12%区间，以进一步释放储能市场潜力，优化资源配置，促进储能主体在调频服务中的全面参与。

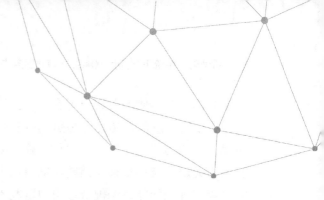

储能发展技术路线及建议

7.1　技　术　发　展　路　线

　　构建新型电力系统，需要储能的大力支撑。习近平总书记的能源革命宏观构想是储能技术规模化发展的重要思想指导，储能技术的规模化发展必须以实现能源革命为目标，以解决当前我国能源行业现存问题为最终指引。《新型电力系统发展蓝皮书》中明确指出，新型电力系统离不开建设储能规模化布局应用体系，积极推动多时间尺度储能规模化应用、多种类型储能协同运行，缓解新能源发电特性与负荷特性不匹配导致的短时、长时平衡调节压力，提升系统调节能力，支撑电力系统实现动态平衡。

　　目前，在新能源发电快速增长的趋势下，储能发展技术路线可以分为三个阶段。

　　（1）第一阶段：2021—2025年。实现新型储能从商业化初期向规模化发展转变。在技术方面，新型储能技术创新能力显著提高，以压缩空气储能、电化学储能、热（冷）储能、火电机组抽汽蓄能等日内调节为主的多种新型储能技术路线并存，核心技术装备自主可控水平大幅提升，在高安全、低成本、高可靠、长寿命等方面取得长足进步；在政策方面，逐步完善调频、调峰等辅助服务政策，出台具体的电化学储能战略规划政策、产业扶持政策、参与电力市场的价格补偿政策和市场交易相关政策机制，形成完整的新型电力系统发展路线图；在市场方面，赋予储能参与电能量市场和辅助服务市场的市场主体地位，通过加快建设辅助服务市场，以竞争性应用模式促进电网侧储能发展，完善储能参与辅助服务市场的补偿机制，明确投资回收机制，促进盈利多元化；在标准方面，在现有标准体系的基础上，继续深化研究储能电站的技术标准及设计、建设、运行监测和安全管理标准等，并适时配套建立储能装置的回收管理机制；在应用方面，加快规模化储能接入系统的应用示范，以需求为导向，探索开展储氢、储热及其他创新储能技术的研究和在源、网、荷各侧的布局应用。

（2）第二阶段：2026—2030 年。实现新型储能全面市场化发展。在技术方面，加快实现核心技术自主化，强化电化学储能安全技术研究，坚持储能技术多元化，推动多种类储能在电力系统中有机结合、协同运行，加大电化学储能与其他储能系统混合应用的研究力度，大大改善电网系统的调度和管理能力，使电力供需从现在的瞬时平衡变成广域时空下的长期平衡，大容量、低成本、长寿命、高安全储能电池技术和低成本、高效率压缩空气储能将初步实现；在政策方面，推动储能行业从示范试点走向推广应用，从"指导意见"走向"执行计划"，完善电力市场交易政策机制，推动储能通过电力市场化交易实现盈利；在市场方面，健全储能市场机制和商业模式，明确电能质量管理回报机制，针对储能各类应用场景进行市场开发、商业模式创新；在标准方面，确定行业管理规范及技术指标，加快动力蓄电池回收利用标准研制进度，继续完善储能安全准则和标准体系，设计储能技术商业化进程标准化，形成完善的标准体系；在应用方面，火电和核电机组可与抽汽蓄能等依托常规电源的新型储能技术相结合。新型储能将在微电网的建设和运行中发挥关键作用，与分布式能源、能源管理系统等相结合，构建智能化、自治化的微电网系统。

（3）第三阶段：2030—2060 年。实现规模化长时储能技术全覆盖。在技术方面，规模化长时储能技术在未来有望取得重大突破，储电、储热、储气和储氢等多种类储能设施有机结合，基于液氢和液氨的化学储能、压缩空气储能等长时储能技术在容量、成本、效率等多方面取得重大突破，从满足日内系统调节需求逐渐扩大时间与空间尺度，最终覆盖全周期大规模可再生能源调节与存储需求。多种类储能在电力系统中有机结合、协同运行，共同解决新能源季节出力不均衡情况下系统长时间尺度平衡调节问题，支撑电力系统实现跨季节的动态平衡，能源系统运行的灵活性和效率大幅提升；在市场与标准方面，通过研究大规模新能源与储能广泛参与的电力市场架构，初步设计出涵盖抽水蓄能、电化学储能、机械储能、压缩空气储能等多类型储能参与的市场交易机制，与新型储能关联的行业管理标准基本完善，与新型能源系统相匹配的新型储能体系基本形成。

7.2 政 策 建 议

1. 战略规划

一是制定落实储能的操作性政策。政府加强组织领导，研究制定推进储能技术大规模发展的各项重大举措，继续支撑产业健康发展。二是实现储能发展政策的及时性调整。国家应持续关注储能技术发展新进展，对新型储能技术及时以政策表达关注与认可，并借此给资本与科研以信心，实现储能技术快速进入市场。建议明确储能定位，加快出台相关政策，明确新型储能技术的顶层设计及价值体现；适度拉大峰谷价差，鼓励进一步拉大电力中长期市场、现货市场上下限价格，引导用户侧主动配置新型储能。三是合理规划储能与可再生能源协调发展，规范新能源配储建设。按照实现整个电力系统安全运行和效率最优的原则，在规划新能源发展配置储能比例时，针对不同新能源接入形式、不同新能源规模比例，对储能的配置要求进行精细计算，提出相应的储能配比及解决方案，明确储能发展的规模和建设区域等，使储能的配置达到最优。

2. 电力现货市场和辅助服务市场的建立

一是建议加快建立电力辅助服务市场，开展调峰和调频市场的建设方案研究，制定辅助服务市场运营规则，允许电化学储能电站进入辅助服务市场，明确电化学储能电站参与辅助服务的准入标准、补偿标准和结算方式等，提高储能电站在电力市场的盈利能力，合理设定储能参与辅助服务的补偿价格水平。二是加快建立电力现货市场，近期内允许储能发电量上网，远期允许储能参与电能量市场，发挥储能作为发电机组的基础功能，并最大化实现储能在电力系统的价值。

3. 财税政策

一是财政政策。建议加大财政支持力度，给予资金支持等方面的激励，加大政府补贴力度，对于有市场潜力的储能相关技术研发和设备制造给予一定比例的补贴，设立政府专项发展基金，将储能基础设施纳入城市基础设施建设体系，给予低息贷款政策支持。二是优化税收优惠政策。储能产业税收优惠政策包括税收的减免和抵免等，建议政府可以将储能纳入新能源发电项目享受税收优惠，对企业所得税、增值税分别给予税收优惠，对于降低储能产业投资成本、缩短投资回收年限起着至关重要的作用。实行企业生产所得税减免政策、增值税减免政策、城市维护建设税和教育费附加减免政策。

4. 投融资政策

储能基础设施的初期投资大、投资回收期长、投资收益性较低，客观需要融资和金融服务政策的支持。一是建议把储能基础设施纳入城市基础设施建设体系给予低息贷款政策支持，同时鼓励企业通过定增、发债等间接融资获得专项资金，鼓励风险投资的参与。二是成立储能产业发展基金或绿色投资基金，参照产业基金运作形式，委托给第三方管理并定期核算投资收益。三是鼓励投资主体多元化。在理顺投资回报机制、明确不同电压等级项目并网流程的前提下，降低储能项目的投资成本和风险，提高储能项目参与电力市场服务的便携性，从而鼓励发电商、电网公司、用户端、第三方独立储能企业等有条件的投资方投资建设和运营储能设施。

5. 输配电价政策

从峰谷电价价差、输配电成本、政府性基金及附加切入，完善电价机制。建议政府制定和发展激励型的输配电价格机制，根据电网规模允许纳入合理容量的电网侧储能电站作为电网资产，从而激励电网公司理性投资，推动电力资源的优化配置，真正降低输配电价格，最终产生巨大的社会福利。完善储能价格机制。进一步实施峰谷电价和储能电价政策，峰谷电价在不同地区有所差别，应合理拉大峰谷价差，引导用户合理用电并参与调峰，为电网削峰填谷和吸引储能投资创造更大空间。对于储能电价，政府主管部门应对储能的购电价格、放电价格、输配电价格以及结算方式等方面制定单独的交易电价政策，补偿储能所产生的经济效益和环境效益。另外在经济基础较好、市场化程度高的地区，应加快探索储能容量电费机制，试点储能容量市场，灵活调节电力资源容量。

7.3 市场机制建议

1. 统筹储能与电网规划

一是将储能纳入电网规划。电化学储能大规模应用，在提高系统的调节和支撑能力的同时，增加了负荷预测和调控管理难度，加剧电网电力电子化程度，对电网安全运行提出挑战。加强储能与"源—网—荷"协调规划研究，根据不同地区对灵活调节资源的需求、发展定位和特点，明确储能发展规模和布局，实现"源—网—荷—储"协调发展。统筹电网和储能发展，合理确定储能发展规模、设施布局、接入范围和建设时序，纳入电网规划并滚动调整，引导储能合理布局、有序发展。二是电化学储能发展应统筹抽水蓄能发展。抽水蓄能具有建设容量大、调节能力强、运行性能稳定、使用寿命长等特点，但建设周期长达 7～8 年；电化学储能具有选址布置灵活、建设周期短、响应速度快等特点，但安全性有待提升，两者具有优势互补性，需要统筹协调。抽水蓄能作为系统级的调节手段，需要保持一定发展规模，并根据电化学储能技术发展和规模快速增长趋势，做好动态调整和年度任务安排。三是建立新能源、储能并网规范机制。建立新能源电力并网的规范机制，对于电能质量不满足并网要求的新能源电量进行选择性接收，使新能源厂站注重储能系统的规范配置。加快完善储能系统接入电网的设计规范，为储能的开发和应用提供标准参考，促进储能技术和产业的标准化。四是加强我国绿色低碳发展顶层机制体系设计，统筹协调发展全国统一电力市场、碳交易市场和绿证交易市场，建立健全碳市场价格发现机制以及传导机制，扩大绿证核发和交易范围，建立以绿证作为可再生能源消费的唯一凭证、绿电绿证交易为绿证主要流通手段的绿色低碳发展机制体系。

2. 完善储能发展安全机制

建立国家级储能检测认证机构。加强储能检测评价技术研究，完善电池储能技术的实验研究与检测能力，针对各类型储能的发展需求，提高设备及并网测试能力，建立满足技术与产业发展需求的国家级综合性实验室，形成具有国际影响力的国家级储能检测认证机构；论证储能选址设计、建立安全防控体系、建立相关标准。储能电站选址应充分考虑对周边输变电设施等的安全影响，设计应预留足够的安全距离，科学制定防火措施和预案，防止连锁故障发生。制定涵盖电源、电网和客户侧全方位，以及规划设计、建设运行、设备维护等全过程的储能安全防控体系。当务之急要建立储能电站接入安全标准，构建储能系统检测平台。

3. 健全价格机制

一是独立输配电价机制。输配电价改革后，价格主管部门核定输配电准许总收入和独立的输配电价，对于储能设施作为购售电主体参与电力交易，要执行国家核定的输配电价标准；对于用户侧储能设施导致的峰谷时段变化、基本电费变化等，应及时调整峰谷时段划分及电价标准，弥补准许收入缺口。二是辅助服务定价机制。现阶段可将调峰、备用等主要辅助服务项目试行政府定价；随着电力市场化改革的推进，可适时引入辅助服务市场竞价机制，建立反映供需平衡和成本的竞价制度；保障包括储能电站在内的各类电源，都能通过为电力系统提供辅助服务获得合理收益。三是电力现货市场机制。终端用电价格由协商确定的上网价格和政府核定的输配电价构成，储能设施低谷购电、高峰发电的价差套利空间，本质上与上网电价具有联动关系。近期，健全上网侧分时电价，促进低谷时段可再生能源多发电、储能设施多购电，坚持推广峰谷分时电价政策机制；远期，建立电力现货市场，进一步通过挖掘电能时段价值来提升储能设施经营效益。四是推动储能价格形成机制改革，考虑设计存在时序和地点特性差别的电价机制，建立储能服务的成本疏导机制，考虑现货市场边际电价支付机制下储能潜在的策略性行为，对储能的放电成本进行核准分析，探索构建按照实际贡献支付的价格机制。建立明确的储能定价机制。建立同效同价、按效计价的合理市场交易机制，引导市场通过价格反映储能的价值，为储能在不同的应用场景设计合理的价格机制，形成更有效的调峰、调频价格信号，并逐步向现货市场的分时价格体系过渡。

4. 构建完善保障机制

一是合规投资机制。电网企业自主投资的储能设施要纳入电网规划，履行政府主管部门核准（备案）程序后计入输配电有效资产。储能运营商投资的电网侧储能设施，要与电网企业协商确定租赁费、节能服务费等成本，经价格主管部门核定后纳入输配电准许成本，建设多元化投融资机制，制定相关金融政策。二是考核评价机制。建立储能技术路线评价机制，动态跟踪储能成本变化，优化调整储能设施投资策略。同时，电网企业要建立评价体系，合理评估储能设施对主配网投资的节约效用，考核储能设施对电网安全可靠经济运行的提升作用，通过电网投资与储能投资的统筹考虑，提高电网运行整体经济性。三是运营监管机制。对于上网侧，防范光伏发电配置储能设施后"夜储高发"，以储能电量代替光伏发电量骗取光伏补贴。对于电网侧，严格监管储能运营商与电网企业的关联交易成本。对于用户侧，向储能集群内自发自用电量按规定足额征收电价交叉补贴和政府性基金及附加，促进集群内用户公平承担社会责任，完善监管机制，加强储能产业监管，尽快出台储能技术标准，明确技术和市场准入门槛。四是实施保障机制，强化资金保障机制。加强政府对储能技术开发的支持力度，通过资本金注入、贷款贴息、服务外包补贴、融资担保等形式，吸引民资、外资等社会资本参与储能建设；鼓励银行业金融机构按照风险可控、商业可持续的原则，加大对节能提效、能源资源综合利用和可再生能源项目的支持。五是容量充裕性保障机制。在当前电力市场发展阶段，完善当前容量固定价格补偿机制，考虑不同机组单位容量价值，合理制定补偿价格。在探索容量补偿机制的过程中，结合具体的尖峰负荷曲线形状、电源结构等系统特性，合理核算储能资源的容量价值。同时，随着市场建设不断完善，电力市场逐步从当前的容量固定价格补偿机制向容量市场模式转变，以市场竞争的方式形成容量价格，以合理的方式实现容量成本的回收。

5. 加快推进电力市场建设，完善电力市场机制

一是通过完善电力市场机制合理体现储能在削峰填谷和提升电能质量

等方面的多元价值，通过市场交易使储能获得与其特性相匹配的收益。加快推进电力市场建设，完善储能参与电能量市场、辅助服务市场的交易机制，构建并完善储能市场机制，加快建立电力辅助服务市场参与范围，扩大储能的市场，丰富辅助服务交易品种，加快建立电力现货交易市场，降低准入门槛，通过市场手段实现储能系统价值的合理回报。二是完善新型储能参与现货市场机制，明确储能参与电力市场的主体身份，降低储能参与市场门槛，根据储能参与市场情况，逐步引入更为灵活的市场参与方式（如报量报价），充分调动储能的积极性。三是不断完善辅助服务市场机制，如交易品种、参与主体、参与方式、分摊方式等。在交易品种方面，根据实际运行过程中系统对可靠性和灵活性的需求，因时因地引入转动惯量、灵活爬坡等交易品种；在参与主体方面，逐步纳入新能源机组、储能、可调节负荷、分布式电源及虚拟电厂等多元主体，充分挖掘源网荷储全链条调节潜力，释放灵活性资源的实际价值；在参与方式方面，逐步构建辅助服务市场双边竞价机制，利用报量报价精准反映各主体供需情况；在分摊方式方面，基于调节需求方报量报价机制对调节服务费用进行精确分摊。四是在建设现货市场时，将储能纳入统一的市场运行框架之中，同时探索以储能容量使用权为标的交易机制。建设全电量出清的现货市场时，需要建立完善的能量市场出清模型，使之适应储能的荷电状态约束、老化成本等特性，并探索不同参与机制对不同类型储能的适用性。

参 考 文 献

[1] 国务院. 中国共产党第二十次全国代表大会报告［EB/OL］. https：//www.gov.cn/zhuanti/zggcddescqgdbdh/sybgqw.htm，2022-10-16.

[2] 国家能源局. 新型电力系统发展蓝皮书［EB/OL］. https：//www.gov.cn/lianbo/bumen/202306/content_6884348.htm，2023-06-03.

[3] 王鹏，王文涛，辛力. 新型电力系统内涵特征及发展方向［J］. 中国基础科学，2023，25（03）：23-28+35.

[4] 宋禹飞，刘润鹏，王宏，等. 新型电力系统标准体系架构设计及需求分析［J/OL］. 南方电网技术，1-8［2024-06-13］. https：//kns-cnki-net.webvpn.ncepu.edu.cn/kcms/detail/44.1643.TK.20230922.1108.004.html.

[5] 赵琳，王阳，魏澈，等. 面向新型电力系统的多学科分析［J］. 风能，2023，（07）：48-53.

[6] 田廓，董文杰. 新型电力系统目标模式构建及实施路径探索［J］. 企业管理，2022，（S1）：60-61.

[7] 李建林，丁子洋，游洪灏，等. 构网型储能支撑新型电力系统稳定运行研究［J］. 高压电器，2023，59（07）：1-11. DOI：10.13296/j.1001-1609.hva. 2023.07.001.

[8] 韩肖清，李廷钧，张东霞，等. 双碳目标下的新型电力系统规划新问题及关键技术［J］. 高电压技术，2021，47（09）：3036-3046. DOI：10.13336/j.1003-6520.hve.20210809.

[9] 于硕. 基于多类型储能协同的新型电力系统调节能力建设［J］. 电工技术，2023，（07）：7-9. DOI：10.19768/j.cnki.dgjs.2023.07.003.

[10] 朱刘柱，尹晨旭，王宝，等. 计及风/光/荷不确定性的综合能源站随机规划研究［J］. 电网与清洁能源，2021，37（05）：96-105.

[11] 杨叶，杨勇，杜洋洋，等. 双机械密封冲洗液补压装置与控制系统的研究与应用［J］. 石油和化工设备，2022，25（06）：14-17.

[12] 王思雅. 新型电力系统下的储能发展［J］. 电工技术，2023，（14）：70-74. DOI：10.19768/j.cnki.dgjs.2023.14.020.

[13] 李敬如，万志伟，宋毅，等. 国外新型储能政策研究及对中国储能发展的启示［J］. 中国电力，2022，55（11）：1-9.

[14] 李明，郑云平，亚夏尔·吐尔洪，等. 新型储能政策分析与建议［J］. 储能科学与技术，2023，12（06）：2022-2031. DOI：10.19799/j.cnki.2095-4239.2023.0140.

［15］林伯强，谢永靖．中国能源低碳转型与储能产业的发展［J］．广东社会科学，2023，
　　　（05）：17-26+286.

［16］乔奕炜，王冬容．我国虚拟电厂的建设发展与展望［J］．中国电力企业管理，2020，
　　　（22）：58-61.

［17］范珊珊，武魏楠．储能的中场战事［J］．能源，2023，（05）：10-23.

［18］曾其权，马驰，冯彩梅，等．储能产业发展现状和机遇的研究与探讨［J］．中国能
　　　源，2022，44（07）：59-65.

［19］周文静．新模式新业态新型储能促进能源生态构建［J］．电气时代，2023，（05）：1.

［20］何可欣，马速良，马壮，等．储能技术发展态势及政策环境分析［J］．分布式能源，
　　　2021，6（06）：45-52．DOI：10.16513/j.2096-2185.DE.2106602.

［21］柴雯，吴明锋，杨姝．能源互联网背景下电力储能技术发展问题研究［J］．山西电
　　　力，2021，（02）：36-39.

［22］刘坚．我国新型储能发展问题分析与政策建议［J］．中国能源，2022，44（06）：
　　　6-10+35.

［23］刘长义．服务新型电力系统的抽水蓄能研究［J］．水电与抽水蓄能，2021，7（06）：
　　　2-3.

［24］VIVERO-SERRANO G D，BRUNINX K，DELARUE E．Implications of bid structures
　　　on the offering strategies of merchant energy storage systems．Applied Energy，2019，
　　　251：113375.

［25］TAYLOR J A，MATHIEU J L，CALLAWAY D S，et al．Price and capacity competition
　　　in balancing markets with energy storage［J］．Energy Systems，2017，8（1）：169-197.

［26］OPATHELLA C，ELKASRAWY A，MOHAMED A A，et al．A novel capacity market
　　　model with energy storage［J］．IEEE Transactions on Smart Grid，2019.10（5）：
　　　5293-5293.

［27］WANG S，ZHENG，N K，BOTHWELL，C D，et al．Crediting variable renewable energy
　　　and energy storage in capacity markets：effects of unit commitment and storage
　　　operation［J］　IEEE Transactions on Power Systems，2022，37（1）：617-628.

［28］陈浩，贾燕冰，郑晋等．规模化储能调频辅助服务市场机制及调度策略研究［J］．电
　　　网技术，2019，43（10）：3606-3617.

［29］肖云鹏，张兰，张轩等．包含独立储能的现货电能量与调频辅助服务市场出清协调
　　　机制［J］．中国电机工程学报，2020，40（S1）：167-180.

［30］薛琰，殷文倩，杨志豪，等．电力市场环境下独立储能电站的运行策略研究［J］．电
　　　力需求侧管理，2018，20（6）：4.

［31］Abdelkader A，Rabeh A，Ali D M，et al. Multi-objective genetic algorithm based sizing optimization of a stand-alone wind/PV power supply system with enhanced battery/supercapacitor hybrid energy storage ［J］. Energy，2018，163：351-363.

［32］Shi J，Wang L，Lee W J，et al. Hybrid Energy Storage System （HESS）optimization enabling very short-term wind power generation scheduling based on output feature extraction ［J］. Applied energy，2019，256：113915.

［33］孙承晨，袁越，CHOI San Shing，等. 用于能量调度的风-储混合系统运行策略及容量优化 ［J］. 电网技术，2015，39（08）：2107-2114.

［34］齐晓光，姚福星，朱天曈，等，考虑大规模风电接入的电力系统混合储能容量优化配置 ［J］. 电力自动化设备，2021，41（10）：11-19.

［35］Zhao P，Wang M，Wang J，et al. A preliminary dynamic behaviors analysis of a hybrid energy storage system based on adiabatic compressed air energy storage and fly wheel energy storage system for wind power application ［J］. Energy，2015，84：825-839.

［36］Tang Z，Liu J，Zeng P. A multi-timescale operation model for hybrid energy storage system in electricity markets ［J］. International Journal of Electrical Power & Energy Systems，2022，138：107907.

［37］Alirahmi S M，Razmi A R，Arabkoohsar A. Comprehensive assessment and multi-objective optimization of a green concept based on a combination of hydrogen and compressed air energy storage （CAES）systems ［J］. Renewable and Sustainable Energy Reviews.2021，142：110850.

［38］Li Q，Li R，Pu Y，et al. Coordinated control of electric-hydrogen hybrid energy storage for multi-microgrid with fuel cell/electrolyzer/PV/battery ［J］. Journal of Energy Storage，2021，42：103110.

［39］Babatunde O M，Munda J L，Hamam Y.Off-grid hybrid photovoltaic-micro wind turbine renewable energy system with hydrogen and battery storage：Effects of sun tracking technologies ［J］. Energy Conversion and Management，2022，255：115335.

［40］Zhang X，Pei W，Mei C，et al. Transform from gasoline stations to electric-hydrogen hybrid refueling stations: An islanding DC microgrid with electric-hydrogen hybrid energy storage system and its control strategy ［J］. International Journal of Electrical Power & Energy Systems，2022，136：107684.

［41］Hannan M A，Faisal M，Ker P J，et al. Review of optimal methods and algorithms for sizing energy storage systems to achieve decarbonization in microgrid applications ［J］. Renewable and Sustainable Energy Reviews，2020，131：110022.

［42］傅旭，李富春，杨攀峰．基于全生命周期的各类储能调峰效益比较［J］．供用电，2020，37（07）：88-93+43．

［43］赵永柱，张根周，任晓龙，等．基于 RFID 的智能电网资产全寿命周期管理系统设计［J］．智慧电力，2017，45（11）：57-61．

［44］姜源，王丹，孝小昂，等．全寿命周期成本理论在变电站非晶合金站用变压器选型中的应用［J］．智慧电力，2018，46（04）：63-69．

［45］毛克宁．关于短期总成本函数内涵与结构的探析［J］．中国管理信息化，2024，27（02）：50-52．

［46］田崇翼，张承慧，李珂，等．含压缩空气储能的微网复合储能技术及其成本分析［J］．电力系统自动化，2015，39（10）：36-41．

［47］殷伟，童勤毅，徐洋，等．考虑设备全生命周期成本的工厂多能微网经济调度策略［J］．电力建设，2017，38（12）：97-103．

［48］王萌．压缩空气储能系统建模与全生命周期 3E 分析与比较研究［D］．华北电力大学，2013．

［49］陈静漪，赵宏．电化学储能电站全生命周期成本研究［J］．价格理论与实践，2023（08）：66-70．

［50］Behnam Zakeri，Sanna Syri．Electrical energy storage systems: A comparative life cycle cost analysis［J］．Renewable and Sustainable Energy Reviews．2015（42）：569-596．

［51］何颖源，陈永翀，刘勇，等．储能的度电成本和里程成本分析［J］．电工电能新技术，2019，38（09）：1-10．

［52］徐若晨，张江涛，刘明义，等．电化学储能及抽水蓄能全生命周期度电成本分析［J］．电工电能新技术，2021，40（12）：10-18．

［53］Ross O'Connell，Mitra Kamidelivand，Rebecca Furlong，et al. An advanced geospatial assessment of the Levelised cost of energy（LCOE）for wave farms in Irish and western UK waters［J］．Renewable Energy，2024，221：119864．

［54］Jorge Yuri Ozato，Giancarlo Aquila，Edson de Oliveira Pamplona，et al. Offshore wind power generation: An economic analysis on the Brazilian coast from the stochastic LCOE［J］．Ocean & Coastal Management．2023，244：106835．

［55］赵振宇，张玉洁．光储项目成本效益模型及平价上网预测研究［J］．太阳能学报，2023，44（07）：214-220．

［56］周志天．全生命周期视角下储能系统经济性研究［D］．上海财经大学，2022．

［57］Giancarlo Aquila，Eden de Oliveira Pinto Coelho，Benedito Donizeti Bonatto，et al．Perspective of uncertainty and risk from the CVaR-LCOE approach: An analysis of the case of PV microgeneration in Minas Gerais［J］，Brazil. Energy，2021，226：120327.

［58］闫俊辰，JOHN C CRITTENDEN. 一种基于"能量"成本的储能技术评价新方法［J］.储能科学与技术，2019，8（02）：269-275.

［59］Michael Schimpe，Cong Nam Truong，Maik Naumann，et al. Marginal Costs of Battery System Operation in Energy Arbitrage Based on Energy Losses and Cell Degradation ［C］//2018 IEEE International Conference on Environment and Electrical Engineering and 2018 IEEE Industrial and Commercial Power Systems Europe，Palermo，Italy：IEEE，2018：1-5.

［60］郑斌，王秀丽，王锡凡. 电力边际成本定价类型及特点［J］. 华东电力，2000，（08）：1-3+67.

［61］高阳. 电力市场电价预测研究［D］. 湖北工业大学. 2024.

［62］陈谦，刘文锋. 储能参与辅助服务市场的应用及计算方法［J］. 现代信息科技，2021，5（18）：152-154.

［63］李明，焦丰顺，任畅翔，等. 新一轮电改下电力辅助服务市场机制及储能参与辅助服务的经济性研究［J］. 南方能源建设，2019，6（03）：132-138.

［64］魏世杰，樊静丽，杨扬，等. 燃煤电厂碳捕集、利用与封存技术和可再生能源储能技术的平准化度电成本比较［J］. 热力发电，2021，50（01）：33-42.

［65］谢志佳，王佳蕊，李德鑫，等. 储能系统参与电力系统调频经济性评估研究［J］. 电器与能效管理技术，2020（05）：14-20.

［66］Zeenat Hameed，Chresten Træholt，Seyedmostafa Hashemi. Investigating the participation of battery energy storage systems in the Nordic ancillary services markets from a business perspective［J］. Journal of Energy Storage，2023，58：106464.

［67］黄婧杰，欧阳顺，冷婷，等. 含偏差风险规避的新能源和储能协同参与市场策略［J］. 电力自动化设备，2023，43（02）：36-43.

［68］徐宁，周波，凌云鹏，等. 现货市场下独立储能参与能量与辅助服务协同优化策略［J/OL］. 现代电力. 2024，04（26）：1-8.

［69］Meysam Khojasteh，Pedro Faria，Zita Vale. Energy-constrained model for scheduling of battery storage systems in joint energy and ancillary service markets based on the energy throughput concept［J］. International Journal of Electrical Power & Energy Systems，2021，133：107213.

［70］孟令睿. 考虑 LCOE 的电化学储能参与调峰辅助服务市场定价研究［D］. 华北电力大学（北京），2023.

［71］陈梦娇. 基于电力市场的储能参与辅助服务研究［D］. 华北电力大学（北京），2021.

[72] 南国良，张露江，郭志敏，等．电网侧储能参与调峰辅助服务市场的交易模式设计
　　 [J]．电气工程学报，2020，15（03）：88-96.

[73] 林阿竹，柯清辉，江岳文．独立储能参与调频辅助服务市场机制设计 [J]．电力自
　　 动化设备，2022，42（12）：26-34.

[74] 文军，刘楠，裴杰，等．储能技术全生命周期度电成本分析 [J]．热力发电，2021，
　　 50（08）：24-29.

[75] 崔杨，修志坚，刘闯，等．计及需求响应与火－储深度调峰定价策略的电力系统双
　　 层优化调度 [J]．中国电机工程学报，2021，41（13）：4403-4415.

[76] 刘剑，张勇，杜志叶，等.交流输电线路设计中的全寿命周期成本敏感度分析[J].高
　　 电压技术，2010，36（06）：1554-1559.

[77] 张智刚，康重庆．碳中和目标下构建新型电力系统的挑战与展望 [J]．中国电机工
　　 程学报，2022，42（08）：2806-2819．DOI：10.13334/j.0258-8013.pcsee.220467.

[78] 黄雨涵，丁涛，李雨婷，等．碳中和背景下能源低碳化技术综述及对新型电力系统
　　 发展的启示 [J]．中国电机工程学报，2021，41（S1）：28-51．DOI：10.13334/
　　 j.0258-8013.pcsee.211016.

[79] 马勇，谢昕怡，杜超本，等．电池储能参与一次调频辅助服务特性分析 [J]．武
　　 汉大学学报（工学版），2022，55（11）：1149-1158．DOI：10.14188/j.1671-8844.
　　 2022-11-009.

[80] 李国庆，闫克非，范高锋，等．储能参与现货电能量-调频辅助服务市场的交易决策
　　 研究 [J]．电力系统保护与控制，2022，50（17）：45-54．DOI：10.19783/j.cnki.pspc.
　　 211500.

[81] 国家能源局江苏监管办公室．江苏电力辅助服务（调频）市场交易规则（试
　　 行）[EB/OL]．（2020-07-03）[2022-11-01]．http：//jsb.nea.gov.cn/news/2020-7/
　　 202073154200.htm.

[82] 南方能源监管局．南方能源监管局发布《广东调频辅助服务市场 交易规则（试行）》
　　 [EB/OL].（2018-08-09）[2022-11-01].http: //nfj.nea.gov.cn/adminContent/initViewContent.do?
　　 pk=402881e564f399bb01651c8a97dd0024.

[83] 林阿竹，柯清辉，江岳文．独立储能参与调频辅助服务市场机制设计 [J]．电力自
　　 动化设备，2022，42（12）：26-34．DOI：10.16081/j.epae. 202204040.

[84] 陆秋瑜，杨银国，谢平平，等．适应储能参与的调频辅助服务市场机制设计及调度
　　 策略 [J]．电网技术，2023，47（12）：4971-4989．DOI：10.13335/j.1000-3673.pst.
　　 2022.2166.

[85] 楼佩婕，边晓燕，崔勇，等.计及辅助服务的微电网源荷协同调频优化控制策略[J].

电力自动化设备，2022，42（01）：156-163+177. DOI：10.16081/j.epae.202109018.

[86] 刘志成，彭道刚，赵慧荣，等. 双碳目标下储能参与电力系统辅助服务发展前景
[J]. 储能科学与技术，2022，11（02）：704-716. DOI：10.19799/j.cnki.2095-4239.
2021.0431.

[87] 孙莹，李晓鹏，蔡文斌，等. 面向新能源消纳的调峰辅助服务市场研究综述［J］. 现
代电力，2022，39（06）：668-676. DOI：10.19725/j.cnki.1007-2322.2022.0096.

[88] 杨萌，施凯杰，李虎军，等. 考虑储能运营模式的时序生产模拟及新能源消纳评估
[J]. 现代电力，2024，41（01）：124-133. DOI：10.19725/j.cnki.1007-2322.2022.0203.

[89] 黄艾熹，王俐英，曾鸣，等. 新型电力系统下储能技术的应用场景及商业模式研究
[J]. 四川电力技术，2024，47（01）：43-49. DOI：10.16527/j.issn.1003-6954.20240107.

[90] 徐灵，李晨苑，戴媛媛，等. 新形势下新型储能商业模式的探索与实践［J］. 中国
电力企业管理，2024（04）：72-75.

[91] 吴珊，边晓燕，张菁娴，等. 面向新型电力系统灵活性提升的国内外辅助服务市场
研究综述［J］. 电工技术学报，2023，38（06）：1662-1677. DOI：10.19595/
j.cnki.1000-6753.tces.211730.

[92] 开赛江，谭捷，孙谊媊，等. 考虑容量约束的储能规模化应用商业模式评价［J］. 中
国电力，2022，55（04）：203-213+228.

[93] 刘坚，王建光，王晶，等. 面向电力现货市场的独立储能经济性分析与容量补偿机
制探索［J］. 全球能源互联网，2024，7（02）：179-189. DOI：10.19705/
j.cnki.issn2096-5125.2024.02.007.

[94] 曾鸣，王雨晴，张敏，等. 共享经济下独立储能商业模式及其经济效益研究［J］. 价
格理论与实践，2023（01）：179-183. DOI：10.19851/j.cnki.CN11-1010/F.2023.01.037.

[95] 孙玉树，杨敏，师长立，等. 储能的应用现状和发展趋势分析［J］. 高电压技术，
2020，46（01）：80-89. DOI：10.13336/j.1003-6520.hve.20191227008.

[96] 杨修宇，刘雪媛，郭琪，等. 考虑辅助服务收益的储能与火电机组灵活性改造协调
规划方法［J］. 电网技术，2023，47（04）：1350-1362. DOI：10.13335/j.1000-3673.pst.
2022.1306.

[97] 王雅婷，苏辛一，刘世宇，等. 储能在高比例可再生能源系统中的应用前景及支持
政策分析［J］. 电力勘测设计，2020（01）：15-19+22. DOI：10.13500/j.dlkcsj.issn1671-
9913.2020.01.003.

[98] 韦嘉睿，江岳文. 储能参与辅助服务补偿机制及多商业模式运行研究［J］. 电器与
能效管理技术，2020（05）：78-85. DOI：10.16628/j.cnki.2095-8188.2020.05.013.

[99] 陈晓勇，赵鹏，黎宇博，等. 基于实际案例的电网侧储能电站应用场景及经济效益

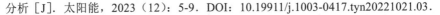

分析［J］．太阳能，2023（12）：5-9．DOI：10.19911/j.1003-0417.tyn20221021.03.

［100］容士兵，鹿文蓬，李松亮，等．电网侧储能经济性研究［J］．能源与节能，2021（03）：35-38+72．DOI：10.16643/j.cnki.14-1360/td.2021.03.016.

［101］田圆，陈红坤，刘颖杰，等．辅助服务市场背景下灵活性资源调峰补偿价格决策方法［J/OL］．电力自动化设备：1-12［2024-06-12］．https://doi.org/10.16081/j.epae.202312030.

［102］李湘旗，叶泽，彭紫微，等．电网侧电池储能电站商业模式研究——基于应用价格体系分析［J］．价格理论与实践，2019（09）：124-127．DOI：10.19851/j.cnki.cn11-1010/f.2019.09.031.

［103］钟小燕，王凯，李喜兰，等．福建省用户侧储能运行策略及经济性研究［J］．能源与环境，2022（03）：18-20+27.

［104］黄博文，潘轩，彭雪莹，等．用户侧储能对电网的影响及经济性分析［J］．电器与能效管理技术，2020（05）：7-13．DOI：10.16628/j.cnki.2095-8188.2020.05.002.09.031.

［105］李源非．面向双侧随机问题的配电网规划及技术适应性评估研究［D］．华北电力大学（北京），2018.

［106］陈崇德．混合储能参与光伏电站一次调频研究［D］．华北电力大学（北京），2023．DOI：10.27140/d.cnki.ghbbu.2023.001595.

［107］李忠文，吴龙，程志平，等．光储系统参与微电网频率调节的模糊自适应滑模控制［J］．高电压技术，2022，48（06）：2065-2076．DOI：10.13336/j.1003-6520.hve.20211542.

［108］张硕，张家源，李英姿，等．多元主体驱动的新型电力系统市场化运行仿真关键技术［J/OL］．电力建设，1-12［2024-06-13］．https://kns-cnki-net.webvpn.ncepu.edu.cn/kcms/detail/11.2583.TM.20240103.1438.006.html.

［109］许丹，胡晓静，胡斐，等．基于深度强化学习的电力市场量价组合竞价策略［J/OL］．电网技术，2024：1-11.